高职高专艺术设计专业规划教材·产品设计

ERGONOMICS AND PRODUCT DESIGN

人体工程学 与产品设计

韩波　刘会瑜　赵国珍　编著

中国建筑工业出版社

图书在版编目（CIP）数据

人体工程学与产品设计 / 韩波等编著.—北京：中国建筑工业出版社，2014.11（2024.8重印）
高职高专艺术设计专业规划教材·产品设计
ISBN 978-7-112-17374-7

I.①人… II.①韩… III.①工效学–高等职业教育–教材②产品设计–高等职业
教育–教材 IV.①TB18②TB472

中国版本图书馆CIP数据核字（2014）第243194号

本书按照高职高专院校教学之需求，在总结了长期教学实践经验和参考了大量教材的基础上编著。本书是针对高职高专产品设计专业所编著的指导性用书，共分七章，从人体工程学的基本知识，到人体工程学与产品设计的结合，再到人体工程学在人性化设计、绿色设计中的应用等，内容丰富详实，图文并茂。本书主要特点是在原则上突出高等职业教育的特色，对于理论知识遵循"适度、够用"的原则，让学生听了就能懂，看了就能会，学了就能用；在内容上项目化，融入充分的实训内容，把实践放在首位，在实践的过程中提升学生的艺术设计能力，并在一定程度上提高教材与工作体系、工作过程的关联度。

责任编辑：唐　旭　吴　绫
责任校对：陈晶晶　党　蕾

高职高专艺术设计专业规划教材·产品设计
人体工程学与产品设计
韩波　刘会瑜　赵国珍　编著
*
中国建筑工业出版社出版、发行（北京西郊百万庄）
各地新华书店、建筑书店经销
北京嘉泰利德公司制版
建工社（河北）印刷有限公司印刷
*
开本：787×1092毫米　1/16　印张：9　字数：218千字
2014年12月第一版　2024年8月第二次印刷
定价：**69.00**元
ISBN 978-7-112-17374-7
　　　　　（43224）

"高职高专艺术设计专业规划教材·产品设计" 编委会

总 主 编：魏长增

副总主编：韩凤元

编　　委：(按姓氏笔画排序)

王少青　白仁飞　田　敬　刘会瑜

张　青　赵国珍　倪培铭　曹祥哲

韩凤元　韩　波　甄丽坤

序

　　2013 年国家启动部分高校转型为应用型大学的工作，2014 年教育部在工作要点中明确要求研究制订指导意见，启动实施国家和省级试点。部分高校向应用型大学转型发展已成为当前和今后一段时期教育领域综合改革、推进教育体系现代化的重要任务。作为应用型教育最基层的众多高职、高专院校也会受此次转型的影响，将会迎来一段既充满机遇又充满挑战的全新发展时期。

　　面对众多研究型高校转型为应用型大学，高职、高专作为职业技术的代表院校为了能够更好地迎接挑战，必须努力提高自身的教学水平，特别要继续巩固和加强对学生操作技能的培养特色。但是，当前职业技术院校艺术设计教学中教材建设滞后、数量不足、种类不多、质量不高的问题逐渐显露出来。很多职业院校艺术类教材只是对本科教材的简化，而且均以理论为主，几乎没有相关案例教学的内容。这是一个很大的问题，与当前学科发展和宏观教育发展方向是有出入的。因此，编写一套能够符合时代发展需要，真正体现高职、高专艺术设计教学重动手能力培养、重技能训练，同时兼顾理论教学，深入浅出、方便实用的系列教材就成为了当务之急。

　　本套教材的编写对于加快国内职业技术院校艺术类专业教材建设、提升各院校的教学水平有着重要的意义。一套高水平的高职、高专艺术类教材编写应该有别于普通本科院校教材。编写过程中应该重点突出实践部分，要有针对性，在实践中学习理论，避免过多的理论知识讲授。本套教材邀请了众多教学水平突出、实践经验丰富、专业实力雄厚的高职、高专从事艺术设计教学的一线教师参加编写。同时，还吸纳很多企业一线工作人员参加编写，这对增加教材的实用性和实效性将大有裨益。

　　本套教材在编写过程中力求将最新的观念和信息与传统知识相结合，增加全新案例的分析和经典案例的点评，从新时代的角度探讨了艺术设计及相关的概念、方法与理论。考虑到教学的实际需要，本套教材在知识结构的编排上力求做到循序渐进、由浅入深，通过大量的实际案例分析，使内容更加生动、易懂，具有深入浅出的特点。希望本套教材能够为相关专业的教师和学生提供帮助，同时也为从事此专业的从业人员提供一套较好的参考资料。

　　目前，国内高职、高专艺术类教材建设还处于起步阶段，还有大量的问题需要深入研究和探讨。由于时间紧迫和自身水平的限制，本套教材难免存在一些问题，希望广大同行和学生能够予以指正。

总主编　魏长增

2014 年 8 月

前　言

　　人体工程学是研究"人——机——环境"系统中人、机、环境三大要素之间的关系，为解决该系统中人的效能、健康问题提供理论与方法的科学。近几十年来，发展极为迅速，其研究内容和应用领域也在不断扩大，几乎涉及人类工作和生活的各个方面，大到航天飞机、运载火箭的设计，小到一件生活用品、工具的设计。总之，对于人类一切生产和生活所创造的各种"物"，在设计与制造时，无不关系到人体工程学的运用，要用人体工程学的原理和方法处理人与"物"之间的关系，使其更好地符合人的需求。另外，在人类的日常生活中，艺术设计扮演着越来越重要的角色，是满足人类的各层次需要的核心。而因为任何艺术设计都必须考虑"人"的因素，这在很大程度上又推动了人体工程学的发展。在此基础上，人体工程学致力于将人体的测量数据、感官反应、动作行为与艺术设计相结合，发掘具体对象的不同层次需求标准，实现人——机——环境的和谐统一。从这个意义上说，伴随着人类生活水平和文明程度的提高，思考与践行人体工程学成为发展艺术设计势在必行的重要环节。

　　编写本书的目的是为高职高专院校"产品设计专业"的学生提供一本比较适宜的人体工程学教材和参考书。本教材从人体工程学的基础知识切入产品设计的教学工作，强调教程的实践意义和可操作性，有利于读者在学习了解人体工程学基础理论的同时，能系统学习和掌握产品设计中的人体工程学知识，提高人体工程学知识在产品设计中的实际应用能力。

　　感谢那些在人体工程学领域研究的前辈们，提供给我许多研究成果；感谢那些在人体工程学领域教学的同行们，提供给我许多宝贵的建议；感谢那些产品设计专业的同学们，提供给我许多优秀的设计作品；另外，一些实例和图片来源于网络，在此一并予以感谢。通过学习、实际的设计工作经验和在教学实践中的摸索，我偶有所得，编著了《人体工程学与产品设计》，供大家参考。由于时间仓促、学识有限，书中难免有不足和疏漏之处，恳请专家和广大读者提出宝贵意见。

目　录

第一章 概 论

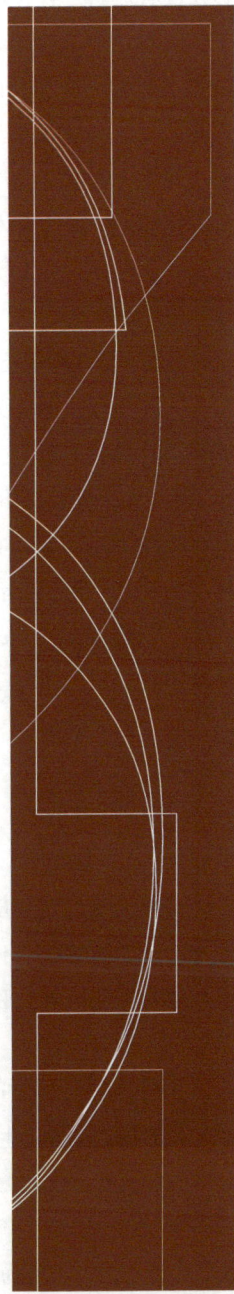

第一节　人体工程学的命名与定义

一、人体工程学的命名

"Ergonomics"一词是在 1857 年由波兰教授雅斯莱鲍夫提出的,它源于希腊文,其中 "Ergon" 是工作,"nomes"是规律,整个词是工作法则、工作规律的意思。这说明,人体工程学原本就是研究人在工作中用力规律的一门科学。人体工程学所研究和应用的范围极其广泛,它所涉及的各学科、各领域的专家、学者都试图从自身的角度来给本学科命名和下定义,因而世界各国对于本学科的命名不尽相同,即使同一个国家对本学科名称的提法也很不统一,甚至有很大差别。例如,该学科在美国称为 "Human Factors"(人类因素学)或 "Human Factors Engineering"(人类因素工程学);西欧国家多称为 "Egonomics"(人类工效学);其他有:工程心理学(苏联)、人间工学(日本)、人体工程学、人机工程学、人类工效学、人机控制学、宜人学等。我国的人体工程学研究较晚,从 20 世纪 70 年代末开始,通常有 "人机工程学"、"人体工程学"、"人类工程学"、"人因工程学"、"工效学"等称谓。

二、人体工程学的定义

人体工程学的定义也不统一,而且随着学科的发展,其定义也在不断地发生变化。国际人类工效协会(IEA)定义:研究人在某种工作环境中的解剖学、生理学和心理学等方面的因素;研究人和机器及环境的相互作用;研究在工作中、家庭生活中与闲暇时怎样考虑人的健康、安全、舒适和工作效率的学科。《中国企业管理百科全书》将人体工程学定义为:研究人和机器、环境的相互作用及其合理结合,使设计的机器与环境系统适合人的生理、心理等特点,达到在生产中提高效率、安全、健康和舒适的目的。总之,人体工程学是研究 "人——机——环境" 系统中人、机、环境三大要素之间的关系,为解决该系统中人的效能、健康问题提供理论与方法的科学。

第二节　人体工程学的由来与发展

回顾人类的发展历程,从文明一开始,人体工程学的潜在意识就已经产生,并在适应和改造客观环境的同时不断发展演进。可以说,人体工程学的思想意识是在人类劳动实践中产生,并伴随着人类生活水平和文明程度的提高而不断发展完善的。

一、国外人体工程学的发展

随着现代工业化生产的开展,人体工程学作为一门专业科学逐渐成形。自工业革命以来,安全、健康和舒适度已成为人们密切关注的问题,在欧美地区尤其受到重视。20 世纪,泰罗(Frederick Winslow Taylor)对生产领域中的工作能力和效率进行研究,制定了一整套以提高工作效率为目的的制作方法,被称为 "泰罗制"。这也是人们从理论上对人体工程学进行归纳研究的开始。

第一次世界大战为人的工作效率研究提供了土壤。当时英国成立了人体疲劳研究所；德国、苏联和日本也相继成立了工业心理研究所、劳动科学研究所和工业效率研究所，对减轻工作疲劳和提高工作效率以及如何发挥人在战争中的有效作用做了大量的研究工作。这一时期人机关系总的特点是以机器为中心。

人体工程学在第二次世界大战期间获得了突破性的进展。这种突破性的进展是随着军事及航天的需要发展起来的。因为战争中复杂武器的发展，使得人机协调问题突然激化，从第一次世界大战到第二次世界大战，随着科技进步，飞机逐渐实现了飞得更快更高、机动性更优的技术升级。与之相应，机舱内的仪表和操作件（开关、按钮、旋钮、操纵杆等）的数量，也急剧增多，例如，第一次世界大战时期英国 SE.5A 战斗机上只有 7 个仪表，到第二次世界大战时期的"喷火"战斗机上增加到了 19 个（图 1-1）。第一次世界大战时期美国"斯佩德"战斗机上的控制器不到 10 个，到第二次世界大战时期 P-51 上增加到了 25 个（图 1-2）。这就使得经过严格选拔、培训的"优秀飞行员"也照顾不过来，致使意外事故、意外伤亡频频发生。那么，如何使人在舱内有效地操作和战斗，并尽可能使人长时间地在小空间内减少疲劳，即处理好人—机—环境的协调关系就成了重中之重。出现在飞机上的问题擦亮了人们的眼睛，再去考察其他的兵器和民用产品，才发现从复杂机器到简单工具，类似的问题原来普遍地、程度不同地存在着。例如，第二次世界大战中入侵苏联的德国军队的枪械问题，也是一个典型的事例。俄罗斯冬季极冷，枪械必须戴上手套使用。但德军的枪械扳机孔较小；在天寒

图 1-1　第一次世界大战时期英国 SE.5A 战斗机

图 1-2　P-51 野马战斗机驾驶舱

地冻的俄罗斯，戴了手套手指伸不进扳机孔，不戴手套手指立即冻僵，甚至能被冰冷的金属粘住。这说明，器物不但要与人的生理条件相适应，而且还必须顾及环境的因素。这一时期，以系统为中心来设计人与机的最佳组合，使人体工程学进入新的境界。这个时期的特点力求使机器适用于人。

1945 年美国军方成立工程心理实验室。

1949 年，在莫雷尔（Murrell）的倡导下，成立了第一个人体工程学科研究组。

1950 年英国成立世界上第一个人类工效学学会。

1957 年人类工效学学会发行会刊《Ergonomics》，现已成为国际性刊物。

1957 年美国政府出版周刊《人的因素学会》。

1960 年建立国际人类工效协会（IEA）。

20 世纪 60 年代以后，随着人体工程学涉及领域和研究内容的不断扩展延伸，仅仅停留在人与机器间关系的研究已经无法满足现代社会的需求，环境和能源问题已经成为人们不可回避的现实。于是，如何使人——机——环境和谐发展，逐渐成为人体工程学研究的主要内容。

20 世纪 60 ~ 70 年代，美国的人体工程学基本集中应用在复杂的军事工业上，随着航天技术的发展，人体工程学又迅速成为航天工业的一部分，如图 1-3。随后，人体工程学在军事和航天工业之外的领域得以应用，包括家用电器、室内设计、医药行业、计算机行业、汽车行业和其他行业，事故与灾害分析，消费者伤害的诉讼分析等。工厂也开始意识到工作场地和产品设计方面的重要性。但总体上来说，人体工程学仍然不为普通人所理解。

20 世纪 70 年代，汽车工程师协会做了一项针对儿童的调查，包括从两个月的婴儿到十八岁的青年。20 世纪 80 年代，老年人数据的测量开始了。20 世纪 90 年代，美国残疾人协会颁布了对残疾人的保护措施和通行规定。及至当今，该学科开始渗透到人类工作生活的各个领域，并且从人的尺度转向心理、情感研究，从个体研究转向社会群体研究。

图 1-3 航天飞机驾驶舱

二、我国人体工程学发展

我国对于人与工具之间、人与环境之间的规律性研究有着悠久的历史，从工具制造、家具设计以及建筑环境设计等方面都有关注，《黄帝内经》中就有对人体尺寸的测量方法、测量部位、测量工具等的要求。但作为一门学科，我国关于人体工程学的起步较晚，目前正处于发展阶段。1984 年国防科工委成立了军用人——机——环境系统工程标准化技术委员会，1985 年建立中国人类工效学标准化技术委员会，1989 年成立了中国人类工效学学会（CES），1991 年成为国际人类工效学协会的正式会员。进入 21 世纪以来，我国的人体工程学研究迅速与国际接轨，并在国民经济与国民生活中发挥着前所未有的作用。

第三节 人体工程学研究范围与应用领域

一、人体工程学的研究范围

早期的人体工程学主要研究人和机械的关系，即人——机关系，其内容主要涉及生理学、人体解剖学和人体测量学。继而人体工程学研究人和环境的相互作用，即人——环境关系，其内容主要涉及心理学、环境心理学等。至今，人体工程学的研究内容仍在发展。

另外，由于各学科的研究领域不同，所以差异较大，但概括起来，人体工程学的研究范围主要有下列三个方面：

（1）生理学：研究人的感觉系统、血液循环系统、运动系统等。

（2）心理学：研究人的感觉、知觉、注意、错觉等各种心理活动的规律。

（3）环境心理学：研究人与环境的交互作用及环境行为的特征及规律。

二、人体工程学的应用领域

人体工程学的应用领域十分广泛，几乎涉及人类工作和生活的各个方面。大到航天飞机、运载火箭的设计，小到一件生活用品、工具的设计无不关系到人体工程学的运用。而且，现代的工业文明又为人体工程学提出了新的内容，也正在出现一些新的、重要的研究应用领域。如：改变工作组织与设计方法论、与作业相关的肌肉骨骼性不适、电子消费产品的使用性测试、人——计算机接口软件、组织设计与心理——社会性工作组织、与生理有关的工作环境的设计、培训过程中的人体工程等。

人体工程学应用领域一览表   表1-1

	对象	示例
产品设计	机械设计	生产机械、医疗器械、运动与健身器械、农用机械、仪器仪表、电动工具
	设备与设施设计	生产设备、城市设施、公共设施、住宅设施、无障碍设施、军事设施
	电子产品设计	信息产品、家电产品
	家具设计	工作台、座椅、橱柜
	生活用品设计	卫生用品、餐饮用品、办公用具、学习文具、玩具
	运输工具设计	自行车、摩托车、汽车、飞行器、船舶、农用运输工具
环境设计	生产环境设计	作业空间设计、厂房车间设计
	公共环境设计	剧院设计、运动场地设计、无障碍环境设计、展示设计
	室内设计	商用室内设计、私用室内设计、公用室内设计
服装设计	服装	男装、女装、老年装、童装、鞋帽
界面设计	软件人机界面设计	产品操作界面、产品功能板块界面
	硬件人机界面设计	屏幕展示界面设计、游戏界面、程序界面
设计管理	组织、信息、技术、智能、模式	流程管理与制造、生产与服务过程优化、组织结构与部门界面管理、决策行为模式、企业文化、管理信息系统、管理运作模式、计算机集成制造系统、虚拟企业、安全管理

第二章　人体测量与设计应用

【学习任务】

1. 人体测量的基本术语，人体测量的内容和方法。

2. 人体测量数据常用的统计函数。

3. 人体主要测量参数。

4. 人体尺寸的差异；我国成年人人体结构尺寸及功能尺寸。

5. 设计中人体尺寸应用原则及百分位选择。

【任务目标】

学习测量常用人体数据，能够在设计中更理性地结合人的需求，完成"以人为本"的设计。

【任务要求】

1. 了解人体测量的基本术语；人体测量数据的来源和基本测点、测量项目。

2. 掌握人体测量数据常用的统计函数及计算方法。

3. 理解人体尺寸的差异。

4. 掌握主要人体测量参数；设计中人体尺寸应用原则及百分位选择。

第一节　人体测量的基本知识

一、基础知识的介绍

人体尺度是使设计对象符合人的生理特点，让人在使用时处于舒适的状态和适宜的环境之中所必须考虑的基本因素，即为设计提供有关人体的心理特征和生理特征的数据。

人体测量学（Anthropometry）是测量人体的科学。它是通过测量人体各部位尺寸确定个体之间与群体之间在人体尺寸上的差别的一门学科（图2-1）。

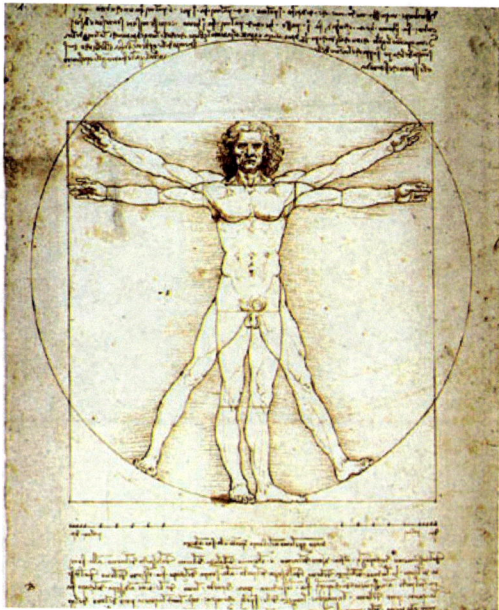

图2-1　达·芬奇　维特鲁威成人

（一）人体测量的基本知识

1.被测者姿势

1）直立姿势（简称立姿）

被测者挺胸直立，头部以眼耳平面定位，眼睛平视前方，肩部放松，上肢自然下垂，手伸直，手掌朝向体侧，手指轻贴大腿侧面，膝部自然伸直，左、右足后跟并拢，前端分开，两足大致成45°夹角，体重均匀分布于两足。为确保直立姿势正确，被测者应使足后跟、臀部和后背部与同一铅垂面相接触。

2）坐姿

被测者挺胸坐在被调节到腓骨头高度的平面上，头部以眼耳平面定位，眼睛平视前方，左、右大腿大致平行，膝弯曲大致成直角，足平放在地面上，手轻放在大腿上。为确保坐姿正确，被测者的臀部、后背部应同时靠在同一铅垂面上。

2.测量基准面

人体基准面的定位是由三个互为垂直的轴（铅垂轴、纵轴和横轴）来决定的。人体测量中设定的轴线和基准面，如图2-2所示。

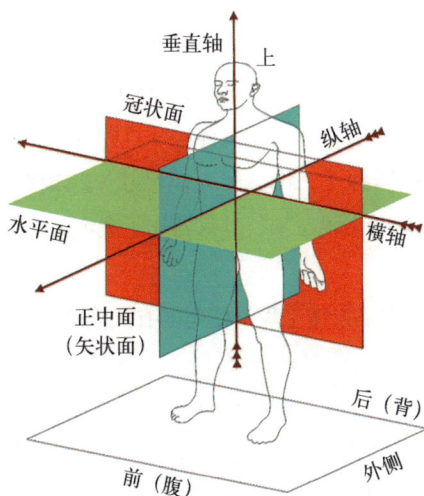

图2-2 人体测量基准面和基准轴

1）矢状面

人体测量基准面的定位是由三个互相垂直的轴（铅垂轴、纵轴和横轴）来决定的。通过铅垂轴和纵轴的平面及与其平行的所有平面都称为矢状面。

2）正中矢状面

在矢状面中，把通过人体正中线的矢状面称为正中矢状平面。正中矢状平面将人体分成左、右对称的两个部分。

3）冠状面

通过铅垂轴和横轴的平面及与其平行的所有平面都称为冠状面。冠状面将人体分成前、后两个部分。

4）水平面

与矢状面及冠状面同时垂直的所有平面都称为水平面。水平面将人体分成上、下两个部分。

5）眼耳平面

通过左、右耳屏点及右眼眶下点的水平面称为眼耳平面或法兰克福平面（OAE）。

3. 测量方向

在人体上、下方向上，将上方称为头侧端，将下方称为足侧端。

在人体左、右方向上，将靠近正中矢状面的方向称为内侧，将远离正中矢状面的方向称为外侧。

在四肢上，将靠近四肢附着部位的称为近位，将远离四肢附着部位的称为远位。

在上肢上，将桡骨侧称为桡侧（拇指方向），将尺骨侧称为尺侧（小指方向）。

在下肢上，将胫骨侧称为胫侧，将腓骨侧称为腓侧。

（二）人体测量数据的来源和基本测点、测量项目

1. 人体测量数据的来源

我国人体尺寸相关文件及标准：

1962 年建筑科学研究院发表的《人体尺寸的研究》

1988 年颁布的国标《中国成年人人体尺寸》（GB10000-88）

1989-1990 年发表的《家具及室内活动空间与人体工程学研究》

1991 年颁布的国标《在产品设计中应用人体尺寸百分位的通则》（GB/T12985-91）

此外还有 1992 年颁布的国标《工作空间人体尺寸》（GB/T13547-92），以及 GB3975-83 和 GB5740-85 分别对人体测量的术语、项目、仪器作了规定。

2. 基本测点、测量项目

在国标 GB 3975-83 中规定了人体工程学使用的有关人体测量参数的测点及测量项目，其中包括：

头部测点 16 个和测量项目 12 项；躯干和四肢部位的测点共 22 个，其测量项目共 69 项，其中分为：立姿 40 项；坐姿 22 项，手和足部 6 项以及体重 1 项。

（三）人体测量的内容和方法

1. 人体测量的内容

人体测量数据主要分为两类：一类为静态测量数据，一类为动态测量数据。按照实际使用来分类，可以分为如下三种：

1）形态测量：长度尺寸、体形、体积、体表面积等。

2）运动测量：动作范围、动作过程、形体变化等。

3）生理测量：疲劳测定、触觉测定、出力范围大小测定等。

2. 人体测量的方法和测量的主要仪器

1）人体测量的方法

实验法、观察法、调查研究法、丈量法、摄像法、三维数字化人体测量法。

2）人体测量的主要仪器

有人体测高仪、人体测量直角规、人体测量弯角规、拉力计、握力计、压力计，另外还有超声波身高体重测量仪、三维空间脊柱曲线描绘仪、动作分析仪、肌电生理仪、测力板、三维人体扫描仪等，如图 2-3。一些其他生理变化的测量，如呼吸、心跳、耗氧量、排汗量、血压等生理变化的测量，可以借助相应的医学仪器完成。

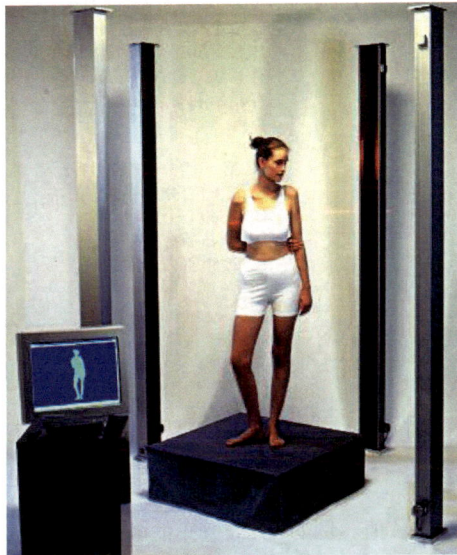

图 2-3　三维人体激光扫描仪

（四）人体测量中的主要统计函数

1. 百分位

1）百分位

百分位表示具有某一人体尺寸和小于该尺寸的人占统计对象总人数的百分比。

由于人的人体尺寸有很大的变化，它不是某一确定的数值，而是分布于一定的范围内。如亚洲人的身高是 151～188cm 这个范围，而我们设计时只能用一个确定的数值，而且并不能像我们一般理解的那样用平均值，如何确定使用哪一数值呢？这就是百分位的方法要解决的问题。

大部分的人体测量数据是按百分位表达的，把研究对象分成一百份，根据一些指定的人体尺寸项目（如身高），从最小到最大顺序排列，进行分段，每一段的截至点即为一个百分位。例如我们以身高为例：第 5 百分位的尺寸表示有 5% 的人身高等于或小于这个尺寸。换句话说就是有 95% 的人身高高于这个尺寸。第 95 百分位则表示有 95% 的人等于或小于这个尺寸，5% 的人具有更高的身高。第 50 百分位为中点，表示把一组数平分成两组，较大的 50% 和较小的 50%。第 50 百分位的数值可以说接近平均值，但决不能理解为有"平均人"这样的尺寸，如图 2-4。

图中三条线表示三个人的实际尺寸所对应的百分位。从图中的折线可以看出，一个人的身体各部分尺寸不属于同一百分点，否则将是一条水平线。

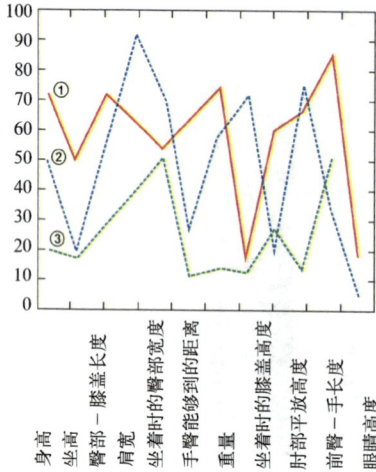

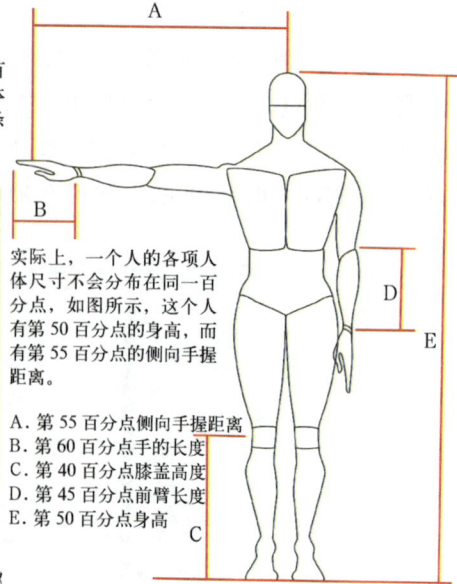

实际上，一个人的各项人体尺寸不会分布在同一百分点，如图所示，这个人有第50百分点的身高，而有第55百分点的侧向手握距离。

A. 第55百分点侧向手握距离
B. 第60百分点手的长度
C. 第40百分点膝盖高度
D. 第45百分点前臂长度
E. 第50百分点身高

图2-4　人体测量数据的百分位表达示意图

2）百分位数

百分位数是百分位对应的数值。例如，身高分布的第5百分位数为1543mm，则表示有5%的人的身高将低于这个高度。

3）常用百分位

第5百分位，第50百分位，第95百分位。

4）百分位的运用

设计中经常采用第5和第95百分位，原因在于它们概括了90%的大多数人的人体尺寸范围，能适应大多数人的需要。在具体的设计中如何来选择呢？有这样一个原则："够得着的距离，容得下的空间"。

在不涉及安全问题的情况下，使用百分位的建议如下：

（1）由人体总高度、宽度决定的物体，诸如门、通道、床等，其尺寸应以95百分位的数值为依据，能满足大个子的需要，小个子自然没问题。

（2）由人体某一部分决定的物体、诸如臂长、腿长决定的座椅平面高度和手所能触及的范围等，其尺寸应以第5百分位为依据，小个子够得着，大个子自然没问题。

（3）特殊情况下，如果以第5百分位或第95百分位为限值，会造成界限以外的人员使用时不仅不舒适，而且有损健康和造成危险。尺寸界限应扩大至第1百分位和第99百分位，如紧急出口的直径应以99百分位为准，栏杆间距应以第1百分位为准。

（4）目的不在于确定界限，而在于决定最佳范围时，应以第50百分位为依据，这适用于门铃、插座和电灯开关。

5）百分比对应的变换系数 K

百分比对应的变换系数 K

表 2-1

百分比（%）	K	百分比（%）	K
0.5	2.576	70	0.524
1.0	2.326	75	0.674
2.5	1.960	80	0.842
5	1.645	85	1.036
10	1.282	90	1.282
15	1.036	95	1.645
20	0.842	97.5	1.960
25	0.674	99.0	2.326
30	0.524	99.5	2.576

2. 均值和标准差

描述一个分布，必须用两个重要的统计量：均值和标准差。前者表示分布的集中趋势；后者表示分布的离中趋势。平均值是作为设计的基本尺寸，而标准差是作为设计的调整量。

1）平均值

平均值是人体测量数据统计中的一个重要指标。它表示样本的测量数据集中地趋向某一个值，该值称为平均值，简称均值。可用以衡量一定条件下的测量水平或概括地表现测量数据的集中情况。对于有 n 个样本的测量值：x_1，x_2，$\cdots x_n$，其均值为：

$$\overline{X} = \frac{x_1 + x_2 + \cdots + x_n}{n} = \frac{1}{n}\sum_{i=1}^{n}x$$

2）标准差

表明一系列变化数距平均值的分布状况或离散程度。用"标准差"作为尺寸的调整量。标准差大，表示各变数分布广，远离平均值；标准差小，表示变数接近平均值。一般只能根据需要按一部分人体尺寸进行设计，这部分尺寸占整个分布的一部分，这部分被称为适应度又叫满足度。例如，适应度90%是指设计适应90%的人群范围，而对5%身材矮小和5%身材高大的人则不能适应。

我国各区域的体重、身高和胸围三项参数的均值和标准差（体重：kg）（身高、胸围：mm）　表 2-2

项目		东北、华北区		西北区		东南区		华中区		华南区		西南区	
		均值	标准差	均值	标准差	均值	标准差	均值	标准差	均值	标准差	均值	标准差
体重	男	64	8.2	60	7.6	59	7.7	57	6.9	56	6.9	55	6.8
	女	55	7.7	52	7.1	51	7.2	50	6.8	49	6.5	50	6.9
身高	男	1693	56.6	1684	53.7	1686	55.2	1669	56.3	1650	57.1	1647	56.7
	女	1586	51.8	1575	51.9	1575	50.8	1560	50.7	1549	49.7	1546	53.9
胸围	男	888	55.5	880	51.5	865	52.0	853	49.2	851	48.9	855	48.3
	女	848	66.4	837	55.9	831	59.8	820	55.8	819	57.6	809	58.8

$$s_D = \left[\frac{1}{n-1} \left(\sum_{i=1}^{n} x_i^2 - n\bar{x}^{-2} \right) \right]^{1/2}$$

（五）设计用人体模型与人体工程软件

设计用人体模型通常可分为一、二维人体模板和三维人体模型，主要应用于设计机械、作业空间、家具、交通运输设备等方面的辅助制图、辅助设计、辅助演示或模拟测试等方面。

1. 虚拟人

虚拟人并不是真人，是试验用人体模型，是在电脑里合成的三维人体详细结构，如图2-5。

2. 人体模板

借助于人体模板亦可演示操作形态，校核、测试设计的可行性与合理性。图2-6是施德楼（Staedtler）二维人体模板。

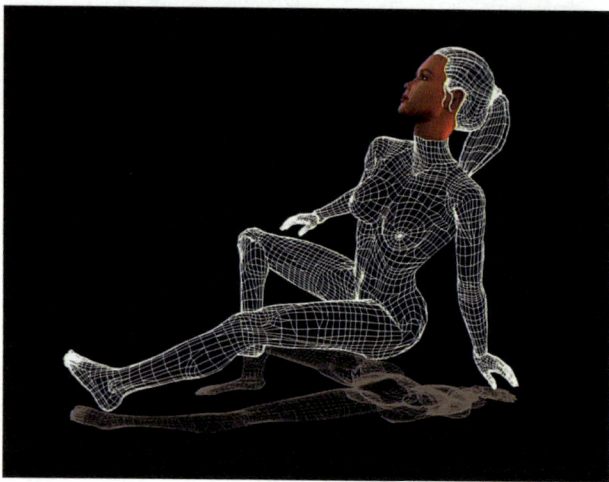

图2-5　虚拟人

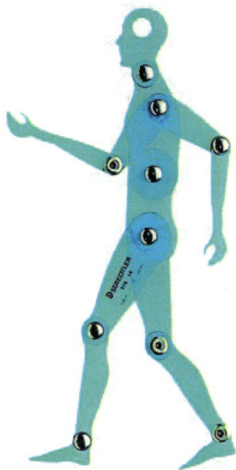

图2-6　施德楼（Staedtler）
二维人体模板

　　人体模板作为一种有效的辅助设计手段，已被广泛应用于人机系统设计中。目前设计中应用比较广泛的是坐姿侧视人体模板。这种模板主要用于辅助工程制图、辅助设计、辅助演示或模拟测试。使用时，根据需要，可将选定的人体模板放置于实际的作业空间或设计图样的相关位置上，用以确定人体有关部位在纵平面内的可及范围。例如，对于坐姿安装工作系统的设计，借助于人体模板，即可方便地得到适合不同人体尺寸等级的人在生产区域中的工作面高度、坐平面高度、脚踏板高度这样一组相互关联的尺寸数据，进而为工作台、座椅、脚踏板的设计提供了可靠依据，如图2-7~图2-11。

3. 人体工程软件

1）Poser是Metacreations公司推出的一款人体造型和三维人体动画制作的极品软件。

2）美国Tekscan公司研制的压力分布测量系统（BPMS）。

3）英国人体数据公司开发的PeopleSize，是基于平面线框图的人体数据系统。

4）台湾工研院检测部发布的Body Scanner双子星人体测量配套软件。

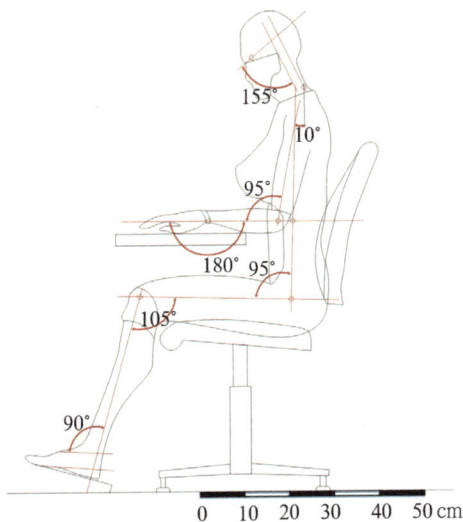

图 2-7 人体模板用于办公空间及
办公桌椅的设计

图 2-8 办公空间

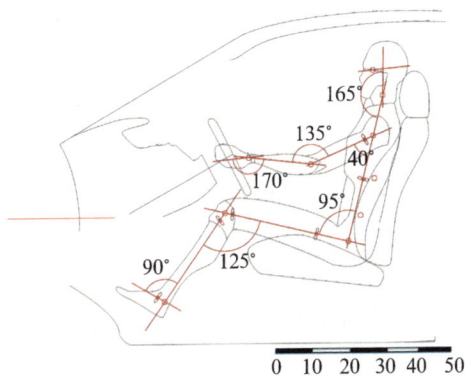

图 2-9 人体模板用于轿车驾驶空间及
汽车座椅的设计

图 2-10 汽车驾驶空间

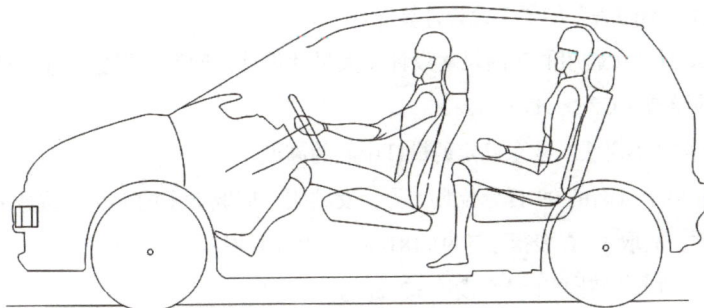

图 2-11 在小汽车、载重汽车、拖拉机等驾驶室的设计中，均可利用人体模板演示座椅、操纵装置、显示装置
与人体操作姿势的配合是否处于最佳状态，校核驾驶室空间尺寸以及各种装置的安装位置是否合适

二、案例分析

案例一：适用于中国人使用的车船卧铺上下铺净空高度设计

1. 人体工程学设计基准

1）最佳值——最适合于人的各种特性的推荐值。

2）最小值——人能正常进行必要活动时所需的最小值。

3）最大值——人能进行必要活动时所需的最大值。

当由于人体工程学以外的其他设计条件限制不能采用最佳值时，可增加到最大值或减小到最小值。

2. 百分位数选择

车船卧铺上下铺净空高度属于一般用途设计。根据人体数据运用准则应选用中国男子坐姿高第99百分位数为基本参数 X_α，$X_\alpha = 979mm$。

3. 功能、心理修正量

衣裤厚度（功能）修正量取25mm，人头顶无压迫感的最小高度（心理修正量）为115mm。

4. 卧铺上下铺最小净间距和最佳净间距

$X_{min}=X_\alpha+\Delta f =979+25=1004mm$（最小净间距）

$X_{opm}=X_\alpha+\Delta f+\Delta p=979+25+115=1119mm$（最佳净间距）

案例二：计算公共汽车顶棚扶手横杆的高度，并对比"抓得住"与"不碰头"两个要求是否相容。如互不相容，如何解决？

1. 按乘客"抓得住"的要求设计计算

属于ⅡB型男女通用的产品尺寸设计（小尺寸设计）问题，根据上述人体尺寸百分位数选择原则，应该有：G1 ≤ J10 + Δf1

式中 ——G1 由"抓得住"要求确定的横杆中心的高度。

——J10 女子"上举功能高"的10百分位数（男、女共用，应取女子的小百分位数人体尺寸，不涉及什么安全问题，取P10即可）。

查表得：J10 =1766mm（18~55岁）

——Δf1 女子的穿鞋修正量，设取 =20mm。

代入数值得到：G1 ≤ l766mm+20mm=1786mm

2. 按乘客"不碰头"的要求设计计算

属于ⅡA型男女通用的产品尺寸设计（大尺寸设计）问题，根据上述人体尺寸百分位数选择原则，应该有：G2 ≥ H99+r+Δf2

式中 ——G2 由"不碰头"要求确定的横杆中心的高度。

——H99 男子身高的99百分位数（男、女共用，应取男子的大百分位数人体尺寸，涉及人身安全问题，故取），查表得：H99 =1814mm（18~60岁）。

——Δf2 男子的穿鞋修正量，设取 =25mm。

——r 横杆的半径，设取 =15mm。

代入数值得到 G2 ≥ 1814mm+25mm+15mm=1854mm

3. 两个要求是否相容以及如何解决

两者互不相容，即不可能同时满足两方面的要求。

解决办法：横杆还可以比 1854mm 再略高一些，确保更多高个子的安全；在横杆上每隔 0.5m 左右挂一条带子，带子下连着手环，手环可以比 1786mm 再略低一些，让更多小个子也抓得住。

三、任务实施

（一）讨论

1. 影响人体测量的个体和群体差异的主要因素有哪些？

2. "量身定做"与百分位数的区别与联系。

3. 何谓人体构造尺寸和人体功能尺寸？

（二）计算

设计适用于 90% 中国东南地区男性使用的产品，试问应按怎样的身高范围设计该产品尺寸？

1）由表 2-2 查得东南地区男性身高平均值 $\overline{X}$、标准差 S。

2）由表 2-1 查得百分比对应的变换系数 K。

3）利用公式 P_v（百分位数）$= \overline{X} - (S \times K)$ 求得第 5 百分位为下限和第 95 百分位为上限的范围值，将适用于 90% 的东南男性。

（三）实验（分组进行）

实验 1：公交公司实地测量公共汽车顶棚扶手横杆、手环尺寸。

实验 2：人体坐姿模板侧视图制作。

1）实验目的

掌握人体模板、百分位的概念；掌握国家标准中关于人体模板的规定。

2）实验内容

制作一套女性 P5 百分位和一套男性 P50 百分位侧面坐姿人体模板。

3）实验步骤

（1）查找《GB/T15759-1995》、《GB/T14779-93》、《GB10000-88》，将自己做的女性 P5 百分位和男性 P50 百分位的侧面坐姿人体模板的相关数据查出并记录下来。

（2）按照 GB 的尺寸，进行人体模板的剪裁，比例为 1:1。

（3）按照 GB 上的各个关节的活动范围，再制作模板上限制关节的运动范围。

四、任务小结

本节主要讲述了人体测量的基本知识，测量数据的来源、基本测点和测量项目，人体测量的内容和方法，人体测量的主要统计函数，设计用人体模型和人体工程软件。通过本节的学习，使学生掌握人体测量的知识，为将来设计课程的学习及以后设计工作中涉及与"人"有关的问题提供解决的方法或参照系。重点是使学生在设计中能有意识地根据人体测量学数据进行相关的设计。

第二节　常用人体测量数据及应用

一、基础知识的介绍

（一）人体基本尺寸

1. 人体尺寸的分类

1）结构尺寸

结构尺寸是指静态的人体尺寸，它是人体处于固定的标准状态下测量的，可以测量许多不同的标准状态和不同部位。如手臂长度、腿长度、坐高等。主要为人体各种装具设备提供数据。

2）功能尺寸

是指动态的人体尺寸，是人在进行某种功能活动时肢体所能达到的空间范围，它是动态的人体状态下测得的，是由关节的活动、转动所产生的角度与肢体的长度协调产生的范围尺寸。虽然结构尺寸对某些设计很有用处，但对于大多数的设计问题，功能尺寸可能有更广泛的用途，因为人总是在运动着，也就是说人体结构是一个活动的、可变的，而不是保持一定僵死不动的结构。

在使用功能尺寸时强调的是在完成人体的活动时，人体各个部分是不可分的，不是独立工作的，而是协调动作。例如人所能通过的最小通道并不等于肩宽，因为人在向前运动中必须依赖肢体的运动。因此，在考虑人体尺寸时只参照人的结构尺寸是不行的，有必要把人的运动能力也考虑进去。

构造尺寸和功能尺寸是不同的，如图 2-12 与图 2-13 所示。

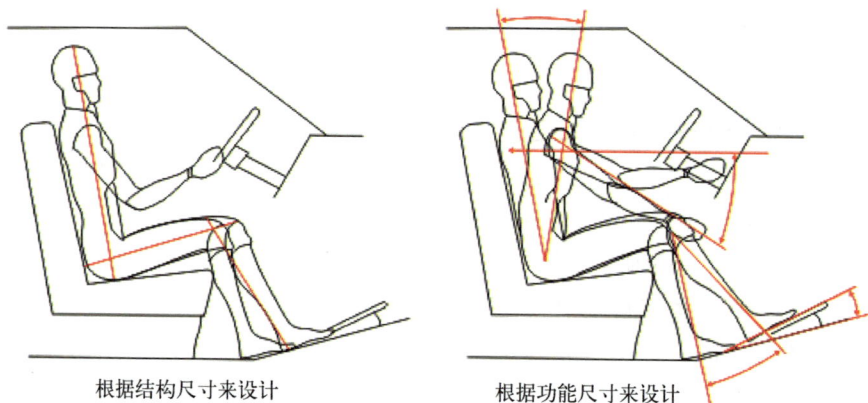

根据结构尺寸来设计　　　　　　根据功能尺寸来设计

图 2-12　构造尺寸和功能尺寸对照图例

2. 人体尺寸的比例关系

一般来说成年人的人体尺寸之间存在一定的比例关系，对比例关系的研究，可以简化人体测量的复杂过程，只要量出身高，就可推算出其他的尺寸。不同种属的人的人体比例系数不同。

图 2-13　人体功能尺寸的应用

3. 人体尺寸的差异

1）种族差异

不同的国家，不同的种族，因地理环境、生活习惯、遗传特质的不同，人体尺寸的差异是十分明显的。

部分国家地区人体身高平均值及标准差（单位：cm）　　　　　表 2-3

序号	国家	性别	H	S	序号	国家	性别	H	S
1	美国	男	175.5（市民）	7.2	7	意大利	男	168.0	6.6
		女	161.8（市民）	6.2			女	156.0	7.1
		男	177.8（城市青年 1986 年资料）	7.2	8	加拿大	男	177.0	7.1
2	苏联	男	177.5（1986 年资料）	7.0	9	西班牙	男	169.0	6.1
3	日本	男	165.1（市民）	5.2	10	比利时	男	173.0	6.6
		女	154.4（市民）	5.0	11	波兰	男	176.0	6.2
		男	169.3（城市青年 1986 年资料）	5.3	12	匈牙利	男	166.0	6.4
4	英国	男	178.0	6.1	13	捷克	男	177.0	6.1
5	法国	男	169.0	6.1	14	非洲地区	男	168.0	7.7
		女	159.0	4.5			女	157.0	4.5
6	德国	男	175.0	6.0					

2）世代差异

我们在过去一百年中观察到的生长加快（加速度）是一个特别的问题，子女们一般比父母长得高，这个问题在总人口的身高平均值上也可以得到证实。欧洲的居民预计每 10 年身高增加 10 ~ 14mm。

世界各地人体尺度差异比较（平均值）　　　　表2-4

人种	国家、地区	身高／mm	体重／kg	人种	国家、地区	身高／mm	体重／kg
白人	芬兰	1710	70.0	黑人	（奇谷）	1645	51.9
	美国（军人）	1739	70.2		（比基米斯）	1442	39.9
	冰岛	1736	68.1		（埃夫）	1438	39.8
	法国	1725	67.0		（布什曼）	1558	40.4
	英格兰	1663	64.5	黄种人	土耳其	1631	69.7
	（西西里）	1691	65.0		（爱斯基摩人）	1612	62.9
	摩洛哥	1689	63.8		中国（北部）	1680	61.0
	苏格兰	1704	61.8		朝鲜	1611	55.5
	突尼斯	1734	62.3		中国（中部）	1630	54.7
	（巴柏斯）	1698	59.5		日本	1609	53.0
黑人	（扬巴沙）	1690	62.0		苏丹	1598	51.9
	（科迪）	1665	57.3		（阿纳米提）	1587	51.3
	（巴亚）	1630	63.9		中国（香港）	1620	52.2
	（巴图兹）	1760	57.0				

3）年龄差异

体形随着年龄变化最为明显的时期是青少年期。人体尺寸的增长过程，女子在18岁结束，男子在20岁结束，男子到30岁才最终停止生长。此后，人体尺寸随年龄的增加而缩减，而体重、宽度尺寸却随年龄的增长而增加。一般来说青年人比老年人身高高一些，老年人比青年人体重大一些。对美国人的研究发现，45～65岁的人与20岁的人对比：身高减4cm、体重加6kg（男）～10kg（女），如图2-14与图2-15。

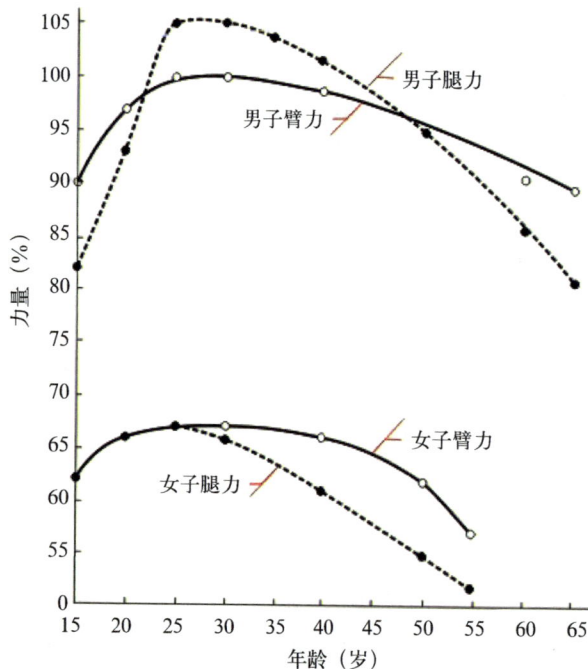

图2-14　人的臂力和腿力随年龄变化示意图

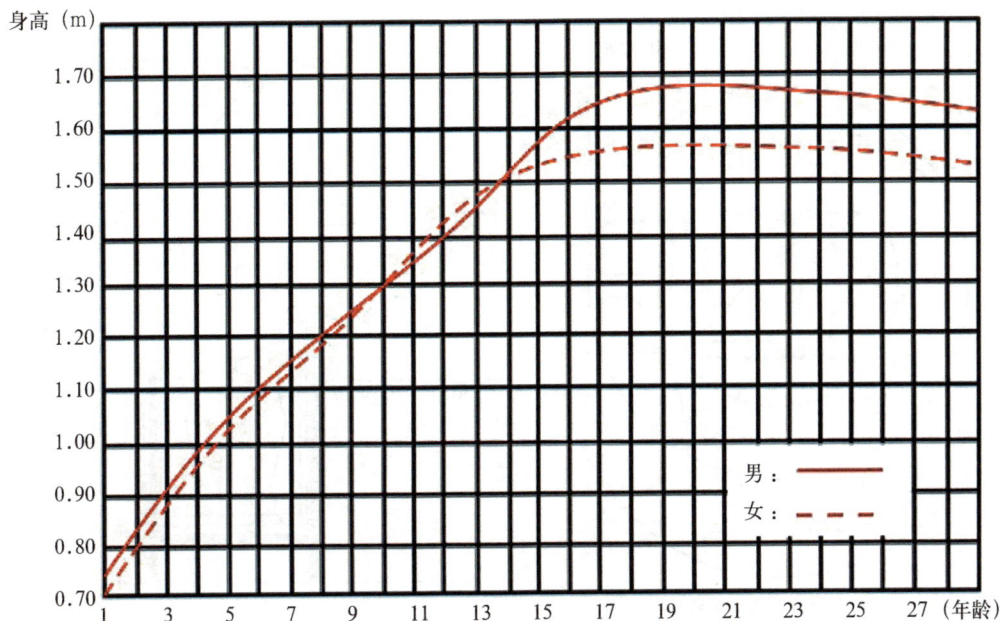

图 2-15　不同年龄人体的高度

4）性别差异

3 岁 ~ 10 岁这一年龄阶段男女的差别极小，同一数值对两性均适用，两性身体尺寸的明显差别从 10 岁开始。一般女子的身高比男子低 10cm 左右，但不能把女子按较矮的男子来处理，妇女与身高相同的男子相比，身体比例是不同的，妇女臀部较宽、肩窄，躯干较男子为长，四肢较短。在设计中应注意这种差别。根据经验，在腿的长度起作用的地方，考虑妇女的尺寸非常重要。

5）残疾人

在各个国家里，残疾人都占一定比例，在为残疾人进行设计时应适当考虑残疾人乘轮椅时的活动要求。图 2-16~ 图 2-19 是轮椅相关尺寸。

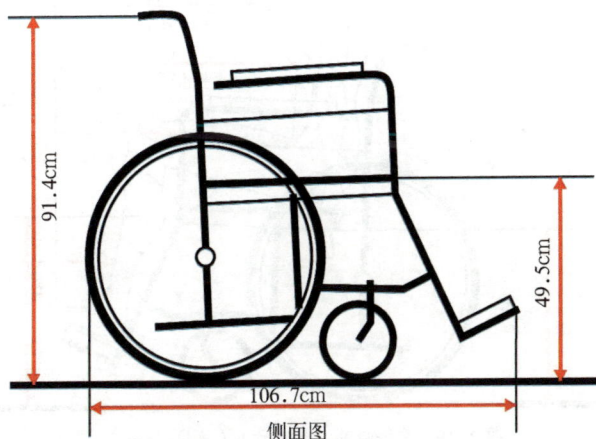

图 2-16　轮椅尺寸图

以轮椅中心为支点的平均旋转空间
160.0cm

35.6cm 半径

半径 45.7cm

半径 80.0cm

半径 91.4cm

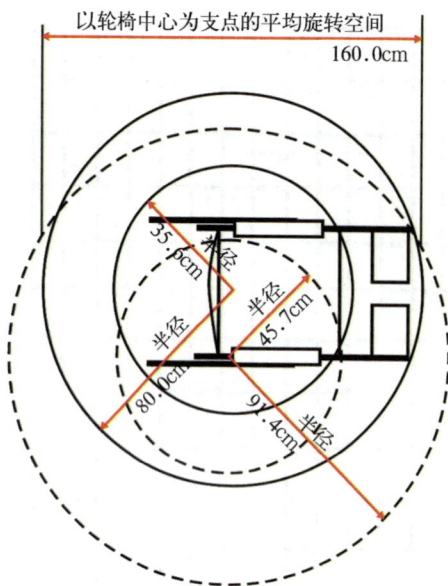

图 2-17　以轮椅为支点的平均旋转空间

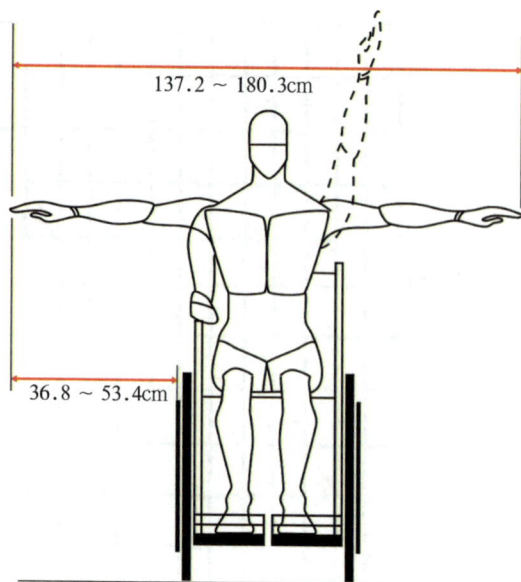

137.2 ~ 180.3cm

36.8 ~ 53.4cm

图 2-18　乘轮椅的人体尺寸 a

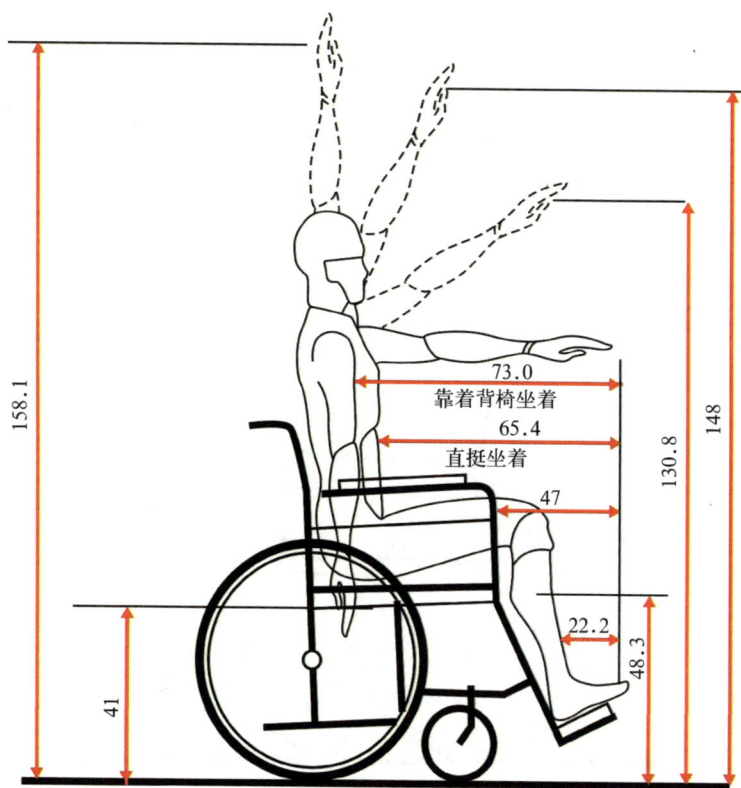

158.1

41

73.0

靠着背椅坐着

65.4

直挺坐着

47

22.2

48.3

130.8

148

图 2-19　乘轮椅的人体尺寸 b（单位：mm）

4.我国成年人人体结构尺寸

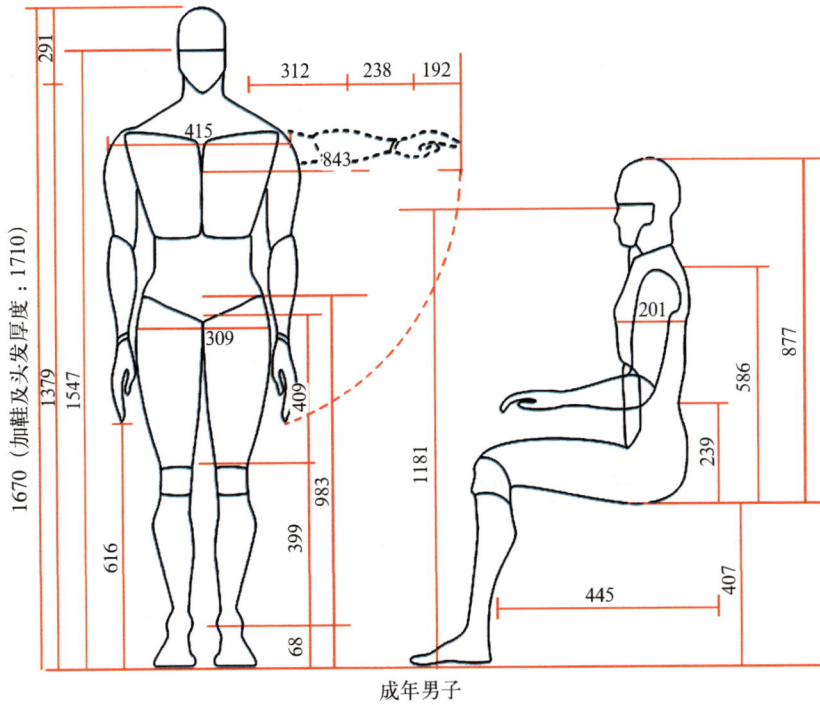

图 2-20 我国成年人——男人体基本尺寸（单位：mm）

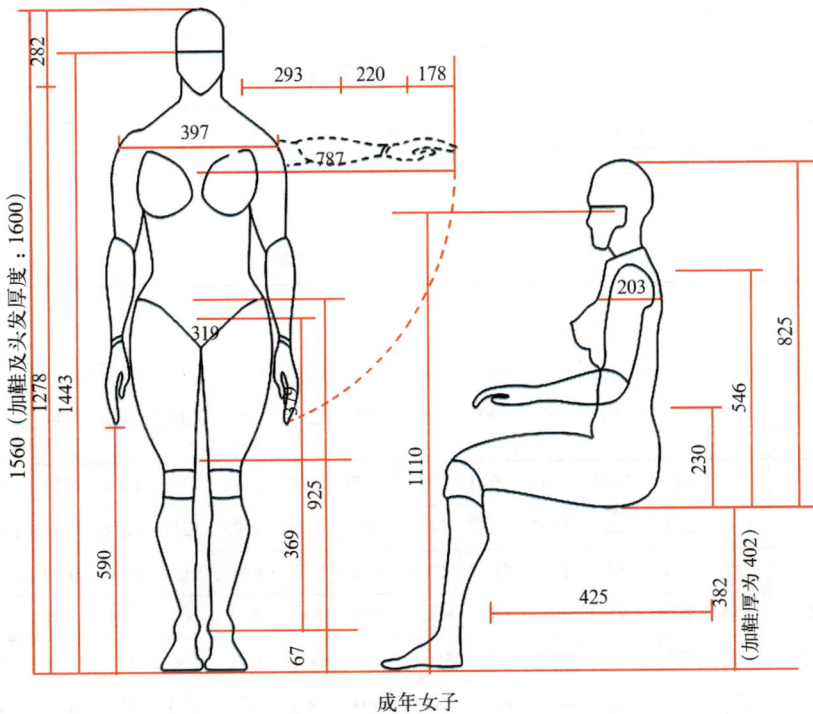

图 2-21 我国成年人——女人体基本尺寸（单位：mm）

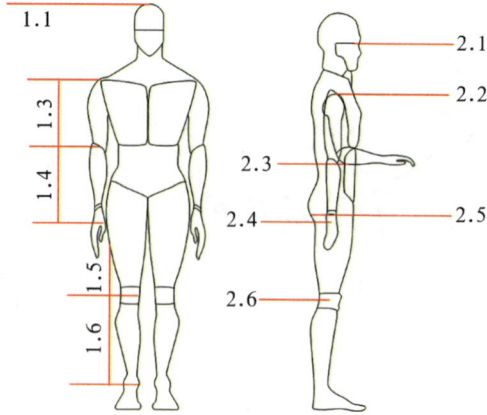

图 2-22　立姿人体尺寸

我国成年人主要尺寸（单位：mm；单位：kg）　　　　　　　　　　　　　　　表 2-5

测量项目 \ 百分位数	男（18～60岁）							女（18～55岁）						
	1	5	10	50	90	95	99	1	5	10	50	90	95	99
1.1 身高	1543	1583	1604	1678	1754	1775	1814	1449	1484	1503	1570	1640	1659	1697
1.2 体重	44	48	50	59	71	75	83	39	42	44	52	63	66	74
1.3 上臂长	279	289	294	313	333	338	349	252	262	267	284	303	308	319
1.4 前臂长	206	216	220	237	253	258	268	185	193	198	213	229	234	242
1.5 大腿长	413	428	436	465	496	505	523	387	402	410	438	467	476	494
1.6 小腿长	324	338	344	369	396	403	419	300	313	319	344	370	376	390

我国成年人立姿主要尺寸（单位：mm）　　　　　　　　　　　　　　　表 2-6

测量项目 \ 百分位数	男（18～60岁）							女（18～55岁）						
	1	5	10	50	90	95	99	1	5	10	50	90	95	99
2.1 眼高	1436	1474	1604	908	947	958	979	1337	1371	1388	1454	1522	1541	1579
2.2 肩高	1244	1281	1299	1367	1435	1455	1494	1166	1195	1211	1271	1333	1350	1385
2.3 肘高	925	954	968	1024	1079	1096	1128	873	899	913	960	1009	1023	1050
2.4 手功能高	656	680	693	741	787	801	828	630	650	662	704	746	757	778
2.5 会阴高	701	728	741	790	840	856	887	648	673	686	732	779	792	819
2.6 胫骨点高	394	409	417	444	472	481	498	363	377	384	410	437	444	459

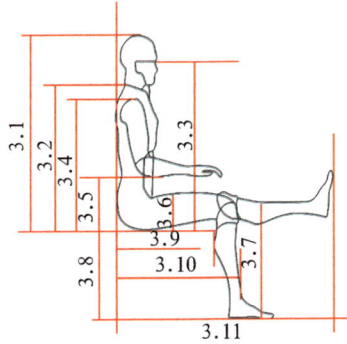

图 2-23　坐姿人体尺寸

我国成年人坐姿主要尺寸（单位：mm）　　　　　表 2-7

年龄分组 百分位数 测量项目	男（18～60岁）							女（18～55岁）						
	1	5	10	50	90	95	99	1	5	10	50	90	95	99
3.1 坐高	836	858	870	908	947	958	979	789	890	819	855	891	901	920
3.2 坐姿颈椎点高	599	615	624	657	691	701	719	563	579	587	617	648	657	675
3.3 坐姿眼高	729	749	761	798	836	847	868	678	695	704	739	773	783	803
3.4 坐姿肩高	539	557	566	598	631	641	659	504	518	526	556	585	594	609
3.5 坐姿肘高	214	228	235	263	291	298	312	201	215	223	251	277	284	299
3.6 坐姿大腿厚	103	112	116	130	146	151	160	107	113	117	130	146	151	160
3.7 坐姿膝高	441	456	464	493	523	532	549	410	424	431	458	485	493	507
3.8 小腿加足高	372	383	389	413	439	448	463	331	342	350	382	399	405	417
3.9 坐深	407	421	429	457	486	494	510	388	401	408	433	461	469	485
3.10 臀膝距	499	515	524	554	585	595	613	481	495	502	529	561	570	587
3.11 坐姿下肢长	892	921	937	992	1046	1063	1096	826	851	865	912	960	975	1005

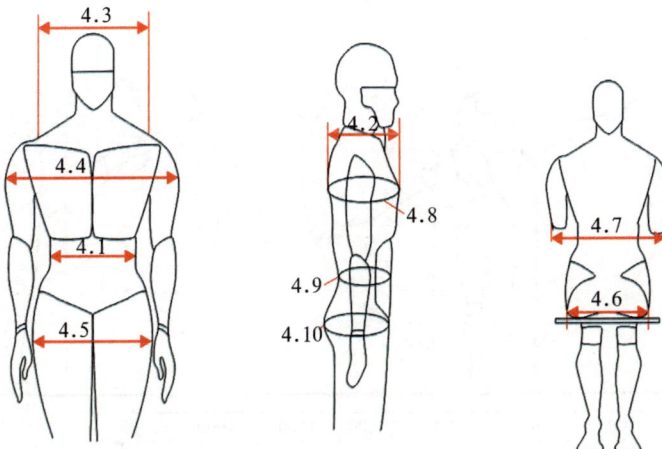

图 2-24　人体水平尺寸

我国成年人水平主要尺寸（单位：mm）　　表 2-8

年龄分组 百分位数 测量项目	男（18～60岁）							女（18～55岁）						
	1	5	10	50	90	95	99	1	5	10	50	90	95	99
4.1 胸宽	242	253	259	280	307	315	331	219	233	239	260	289	299	319
4.2 胸厚	176	186	191	212	237	245	261	159	170	176	199	230	239	260
4.3 肩宽	330	344	351	375	397	403	415	304	320	328	351	371	377	387
4.4 最大肩宽	383	398	405	431	460	469	486	347	363	371	397	428	438	458
4.5 臀宽	273	282	288	306	327	334	346	275	290	296	317	340	346	360
4.6 坐姿臀宽	284	295	300	321	347	355	369	295	310	318	344	374	382	400
4.7 坐姿两肘间距	353	371	381	422	473	489	518	326	348	360	404	460	478	509
4.8 胸围	762	791	806	867	944	970	1018	717	745	760	825	919	949	1005
4.9 腰围	620	650	665	735	859	895	960	622	659	680	772	904	950	1025
4.10 臀围	780	805	820	875	948	970	1009	795	824	840	900	975	1000	1044

几项常用的人体着装功能尺寸（男：18～60岁）（单位：mm）　　表 2-9

百分位	立姿双臂展开宽度	立姿手伸过头顶高度	坐姿手臂前伸距离	坐姿腿前伸距离
5%	1579	1999	781	957
50%	1690	2136	838	1028
95%	1802	2274	896	1099

5. 我国成年人人体功能尺寸

1）活动空间

人在各种活动时都需要有足够的活动空间，活动位置的空间设计与人的功能尺寸相联系。以下功能尺寸的分析均以我国成年男子第 95 百分位身高（1755mm）为基准。

（1）立姿的活动空间如图 2-25

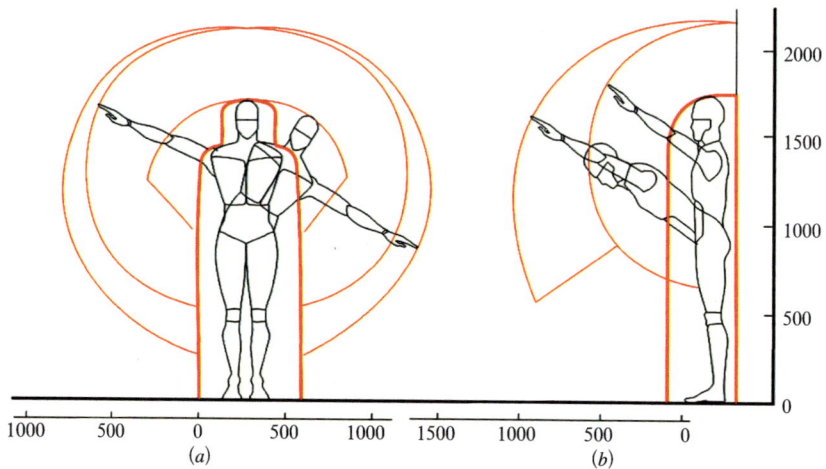

图 2-25　立姿的活动空间（单位：mm）

（2）坐姿的活动空间如图 2-26

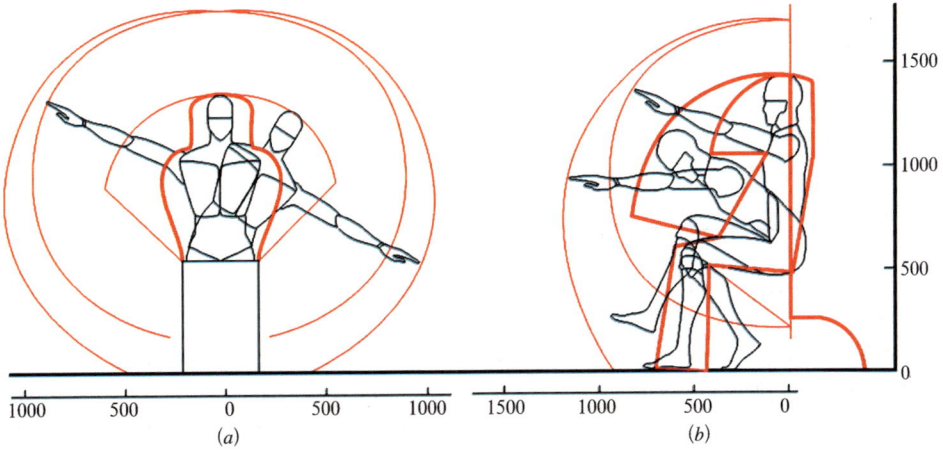

图 2-26　坐姿的活动空间（单位：mm）

（3）卧姿的活动空间如图 2-27

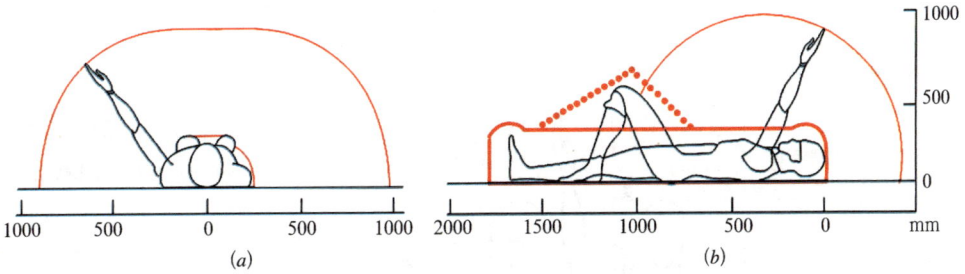

图 2-27　卧姿的活动空间（单位：mm）

（4）跪姿的活动空间如图 2-28

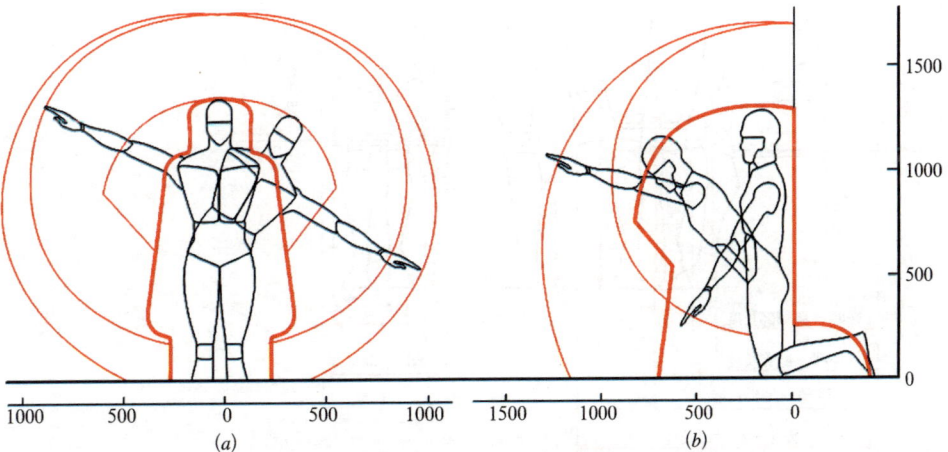

图 2-28　跪姿的活动空间

2）常用功能尺寸

我国成年人上肢功能尺寸（单位：mm）　　　　　　　　表2-10

测量项目	男（18～60岁）			女（18～55岁）		
	P5	P50	P95	P5	P50	P95
立姿双手上举高	1971	2108	2245	1845	1968	2089
立姿双手功能上举高	1869	2003	2138	1741	1860	1976
立姿双手左右平展宽	1579	1691	1802	1457	1559	1659
立姿双手功能平展宽	1374	1483	1593	1548	1344	1438
立姿双肘平展宽	816	875	936	756	811	869
坐姿前臂手前伸长	416	447	478	383	413	442
坐姿前臂手功能前伸长	310	343	376	277	306	333
坐姿上肢前伸长	777	834	892	712	764	818
坐姿上肢功能前伸长	673	730	789	607	657	707
坐姿双手上举高	1249	1339	1426	1173	1251	1328
跪姿体长	592	626	661	553	587	624
跪姿体高	1190	1260	1330	1137	1196	1258
仰卧体长	2000	2127	2257	1867	1982	2102
仰卧体高	364	372	383	359	369	384
爬姿体长	1247	1315	1384	1183	1239	1296
爬姿体高	761	798	836	694	738	783

注：此表数据为裸体测量结果，使用时应增加一定修正量。

（二）人体测量应用

1. 设计中常用测量尺寸

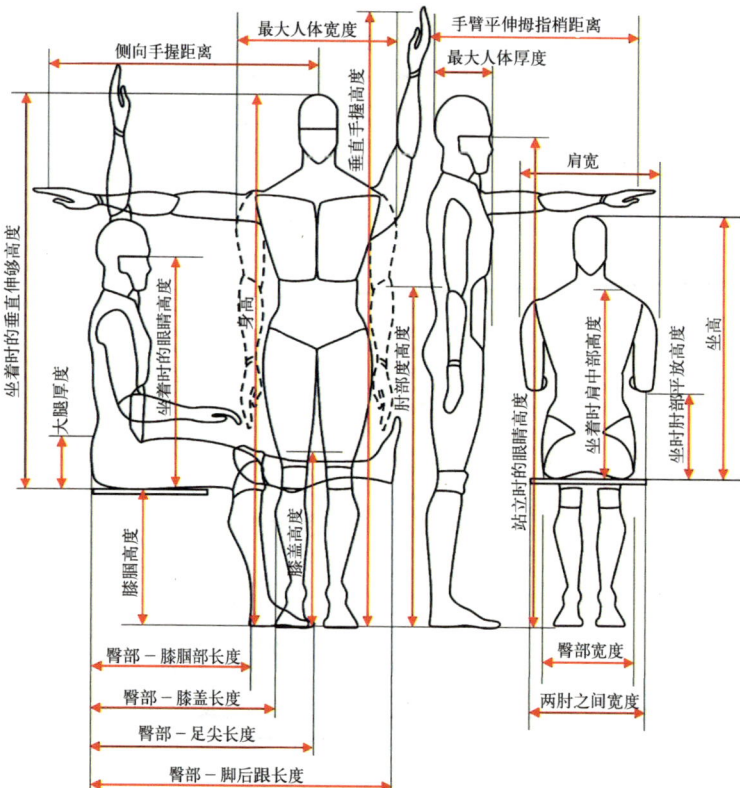

图2-29　设计中常用测量尺寸

2. 设计中人体尺寸应用原则及百分位选择

设计中人体尺寸应用原则及百分位选择 表 2-11

人体尺寸	应用	百分位选择	注意事项
身高	用于确定通道和门的最小高度。一般建筑规范规定的和成批生产制做的门和门框高度都适用于99%以上的人,所以,这些数据可能对于确定人头顶上的障碍物高度更为重要	由于主要的功用是确定净空高,所以应该选用高百分点数据	身高一般是不穿鞋测量的,故在使用时应给予适当补偿
立姿眼高	可用于确定在剧院、礼堂、会议室等处,人的视线,用于布置广告和其他展品。用于确定屏风和开敞式大办公室内隔断的高度	取决于关键因素的变化。如果设计中的问题是决定隔断或屏风的高度,以保证隔断后面人的私密性要求,那么隔离高度就与较高人的眼睛高度有关(第95百分位或更高),反之,假如设计问题是允许人看到隔断里面,则逻辑是相反的	由于这个尺寸是光脚测量的,所以还要加上鞋的高度,男子大约需加2.5cm,女子大约需加7.6cm。这些数据应该与脖子的弯曲和旋转以及视线角度资料结合使用,以确定不同状态、不同头部角度的视觉范围
坐姿眼高	当视线是设计问题的中心时,确定视线和最佳视区要用到这个尺寸,这类设计对象包括剧院、礼堂、教室和其他需要有良好视听条件的室内空间	采用第95百分位	应该考虑头部与眼睛的转动范围;座椅软垫的弹性、座椅面距地面的高度和可调座椅的调节范围
挺直坐高	用于确定座椅上方障碍物的允许高度。在布置双层床时,搞创新的节约空间设计时,如利用阁楼下面的空间吃饭或工作都要由这个关键的尺寸来确定其高度。确定办公室或其他场所的低隔断、确定餐厅或酒吧里的隔断也要用到这个尺寸	由于涉及间距问题,采用第95百分位的数据是比较合适的	座椅的倾斜、座椅软垫的弹性、衣服的厚度以及人坐下和站起来时的活动都是要考虑的重要因素
肩高	这些数据大多数用于机动车辆中比较紧张的工作空间的设计,很少被建筑师和室内设计师所使用。但是,在设计那些对视觉听觉有要求的空间时,这个尺寸有助于确定出妨碍视线的障碍物,在确定火车座的高度以及类似的设计中要用到这个尺寸	由于涉及间距问题,一般使用第95百分点的数据	要考虑座椅软垫的弹性
肘部高度	对于确定柜台、梳妆台、厨房案台、工作台以及其他站着使用的工作面的舒适高度,肘部高度数据是必不可少的。通常,这些工作面的高度都是凭经验估计或是根据传统做法确定的。然而,通过科学研究发现最舒适的高度是低于人的肘部高度7.6cm。另外,休息平面的高度大约应该低于肘部高度2.5~3.8cm	假定工作面高度确定为低于肘部高度约7.6cm,那么从96.5cm(第5百分位数据)到111.8cm(第95百分位数据)这样一个范围都将适合中间的90%的男性使用者。考虑到第5百分位的女性肘部高度较低,这个范围推荐值为88.9cm~111.8cm,才能对男女使用者都适应。由于其中包含许多其他因素,如存在特别的功能要求和每个人对舒适高度见解不同等,所以这些数值也只是参考值	确定上述高度时必须考虑活动的性质,有时这一点比推荐的"低于肘部高度7.6cm"还重要

人体尺寸	应用	百分位选择	注意事项
两肘之间宽度	这些数据可用于确定会议桌、柜台和牌桌周围座椅的位置	由于涉及间距问题，应使用第95百分位的数据	应该与肩宽尺寸结合使用
肘部平放高度	与其他一些数据和考虑因素联系在一起，用于确定椅子扶手、工作台、书桌、餐桌和其他特殊设备的高度	肘部平放高度既不涉及间距问题也不涉及伸手够物的问题，其目的只是能使手臂得到舒适的休息即可。选择第50百分点左右的数据是合理的。在许多情况下，这个高度在14～27.9cm之间	座椅软垫的弹性、座椅表面的倾斜以及身体姿势都应予以注意
臀部宽度	这些数据对于确定座椅内侧尺寸和设计酒吧、柜台和办公座椅极为有用	由于涉及间距问题，应使用第95百分位的数据	根据具体条件，与两肋之间宽度和肩宽结合使用
大腿厚度	这些数据是设计柜台、书桌、会议桌、家具及其他一些室内设备的关键尺寸，而这些设备都需要把腿放在工作面下面。特别是有直拉式抽屉的工作面，要使大腿与大腿上方的障碍物之间有适当的间隙，这些数据是必不可少的	由于涉及间距问题，应使用第95百分位的数据	在确定上述设备的尺寸时，其他一些因素也应该同时予以考虑，例如膝高度和座椅软垫的弹性
膝盖高度	是确定从地面到书桌、餐桌、柜台底面距离的关键尺寸，尤其适用于使用者需要把大腿部分放在家具下面的场合。坐着的人与家具底面之间的靠近程度，决定了膝盖高度和大腿厚度是否是关键尺寸	要保证适当的间距，故应选用第95百分位的数据	要同时考虑座椅高度和坐垫的弹性
膝腘高度	这些数据是确定座椅面高度的关键尺寸，尤其对于确定座椅前缘的最大高度更为重要	确定座椅高度，应选用第5百分点的数据，一个座椅高度能适应小个子人，也就能适应大个子人	选用这些数据时必须注意坐垫的弹性
臀部—足尖长度	这些数据用于确定椅背到膝盖前方的障碍物之间的适当距离。例如，用于影剧院、礼堂和作礼拜的固定排椅设计中	由于涉及间距问题，应选用第95百分点的数据	如果座椅前方的家具或其他室内设施有放脚的空间，而且间隔要求比较重要，就可以使用臀部至膝盖长度来确定合适的间距
臀部—膝盖长度	这些数据用于确定椅背到膝盖前方的障碍物之间的适当距离，例如：用于影剧院、礼堂和作礼拜的固排椅设计中	由于涉及间距问题，应选用第95百分点的数据	这个长度比臀部—足尖长度要短，如果座椅前面的家具或其他室内设施没有放置足尖的空间，就应该应用臀部足尖长度
臀部—膝腘部长度	这个长度尺寸用于座椅的设计中，尤其适用于确定腿的位置、确定长凳和靠背椅等前面的垂直面以及确定椅面的长度	应该选用第5百分点的数据，这样能适应最多的使用者	要考虑椅面的倾斜度

续表

人体尺寸	应用	百分位选择	注意事项
立姿垂直手握高度	这些数据可用于确定开关、控制器、拉杆、把手、书架以及衣帽架等的最大高度	由于涉及伸手够东西的问题，如果采用高百分点的数据就不能适应小个子人，所以设计出发点应该基于适应小个子人、这样也同样能适应大个子人	尺寸是不穿鞋测量的，使用时要给予适当地补偿
立姿侧向手握距离	这些数据有助于设备设计人员确定控制开关等装置的位置，它们还可以为建筑师和室内设计师用于某些特定的场所，例如医院，实验室等。如果使用者是坐着的，这个尺寸可能会稍有变化，但仍能用于确定人侧面的书架位置	选用第5百分点的数据是合理的，这个距离应能适应大多数人	如果涉及的活动需要使用专门的手动装置、手套或其他某种特殊设备，这些都会延长使用者的一般手握距离，对于这个延长量应予以考虑
平伸臂	有时人们需要越过某种障碍物去够一个物体或者操纵设备，这些数据可用来确定障碍物的最大尺寸。例如：在工作台上方安装搁板或在办公室工作桌前面的低隔断上安装小柜	选用第5百分点的数据，这样能适应大多数人	要考虑操作或工作的特点

图 2-30　身高设计应用 a

图 2-31　身高设计应用 b

图 2-32　坐高设计应用 a

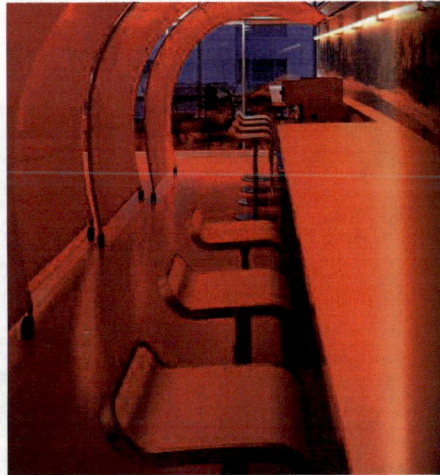

图 2-33　坐高设计应用 b

图 2-34　坐姿眼高设计应用 a

图 2-35　坐姿眼高设计应用 b

图 2-36　臀部至膝盖长度设计应用

图 2-37　腿弯高度设计应用

图 2-38　肩宽设计应用

图 2-39　肘部高度设计应用

图 2-40　臀宽设计应用

图 2-41　肘部平放高度设计应用

图 2-42　臀部——膝盖部长度设计应用

图 2-43　大腿厚度设计应用 a

图 2-44　大腿厚度设计应用 b

图 2-45　坐姿两肘间宽设计应用

3. 设备及用具的高度与身高的关系

设备及用具的高度与身高的关系   表 2-12

代号	定义	设备高与身高之比
1	举手达到的高度	4/3
2	可随意取放东西的搁板高度（上限值）	7/6
3	倾斜地面的顶棚高度（最小值，地面倾斜度为 5°～15°）	8/7
4	楼梯的顶棚高度（最小值，地面倾斜度为 25°～35°）	1/1
5	遮挡住直立姿势视线的隔板高度（下限值）	33/34
6	直立姿势眼高	11/12
7	抽屉高度（上限值）	10/11
8	使用方便的搁板高度（上限值）	6/7
9	斜坡大的楼梯的天棚高度（最小值，倾斜度为 50° 左右）	3/4
10	能发挥最大拉力的高度	3/5
11	人体重心高度	5/9
12	采取直立姿势时工作面的高度	6/11
13	坐高（坐姿）	6/11
14	灶台高度	10/19
15	洗脸盆高度	4/9
16	办公桌高度（不包括鞋）	7/17
17	垂直踏棍爬梯的空间尺寸（最小值，倾斜 80°～90°）	2/5
18	手提物的长度（最大值）	3/8
19	使用方便的搁板高度（下限值）	3/8
20	桌下空间（高度的最小值）	1/3
21	工作椅的高度	3/13
22	轻度工作的工作椅高度	3/14
23	小憩用椅子高度	1/6
24	桌椅高差	3/17
25	休息用的椅子高度	1/6
26	椅子扶手高度	2/13
27	工作用椅子的椅面至靠背点的距离	3/20

4. 人体尺寸测量数据的应用方法

1）产品尺寸设计分类

产品尺寸设计分类   表 2-13

产品类型	产品类型定义	说　明
Ⅰ型产品尺寸设计	需要两个百分位数作为尺寸上限值和下限值的依据	双限值设计
Ⅱ型产品尺寸设计	只需要一个百分位数作尺寸上限值或下限值的依据	单限值设计
A型产品尺寸设计	只需要一个人体尺寸百分位数作为尺寸上限值的依据	大尺寸设计
ⅡB型产品尺寸设计	只需要一个人体尺寸百分位数作为尺寸上限值的依据	小尺寸设计
Ⅲ型产品尺寸设计	只需要第50百分位数作为产品尺寸设计的依据	平均尺寸设计

2）产品类型、等级、满意度与百分位数的关系

产品类型、等级、满意度与百分位数的关系　　　　　　表 2-14

产品类型	产品等级	百分位数选择	满足度%
Ⅰ型	涉及健康安全	P99、P1 作上、下限	98
ⅡA 型	一般工业产品	P99、P95 作上限	90
	涉及健康安全	P90 作上限	99 或 95
ⅡB 型	一般工业产品	P1、P5 作下限	90
	涉及健康安全	P10 作下限	99 或 95
Ⅲ型	一般工业产品	P50	90
	一般工业产品	男 P99、P95 或 P90 上限	通用
成年男女通用	一般工业产品	女 P1、P5 或 P10 下限	通用

3）人体尺寸测量数据的应用方法

（1）确定所设计产品的类型、等级 Ⅰ、ⅡA、ⅡB、Ⅲ型。

（2）选择人体尺寸的百分位数。

（3）确定功能修正量、着装修正量、姿势变化修正量、操作修正量。

（4）确定心理修正量。

（5）产品功能尺寸的确定（最小功能尺寸 = 人体尺寸的百分位数 + 功能修正量；最佳功能尺寸 = 人体尺寸的百分位数 + 功能修正量 + 心理修正量）。

二、案例分析

案例一：大学教室课桌椅人机尺寸设计分析

1. 固定式课桌椅

固定式课桌椅尺寸（单位：mm）　　　　　　表 2-15

尺寸名称	尺　寸	说　明
桌面高（h_1）	730±10	
桌面深（t_1）	350	
每个席位桌面宽（b_1）	600	
桌下净空高（h_2）	≥ 620	
桌下净空深（t_2、t_3）	≥ 300	
座面高（h_4）	410±10	使 $h_1-h_4 \leqslant 320mm$
座面有效深（t_4）	360	
靠背上缘距座面高（h_5）	≥ 340	或与后排桌前侧一体化
靠背点距座面高（ω）	210	靠背点以上向后倾斜6°～10°角
靠背下缘距座面高（h_5）	170	
坐人侧桌缘与靠背点之间的水平距离	420	
每套课桌椅前后长	810～850	

2. 非固定式课桌椅

非固定式课桌和课椅尺寸（单位：mm）　　　　　　表2-16

尺寸名称	尺　寸	尺寸名称	尺　寸
桌面高（h_1）	730±10	桌下净空宽（b_2）	单人用≥440，双人用≥1040
桌下净空高1（h_2）	≥600	座面高（h_4）	410±10
桌下净空高2（h_3）	≥460	靠背上缘距座面高（h_5）	340
桌面深、桌下净空深（t_1）	400	靠背点距座面高（ω）	210
桌下净空深2（t_2）	≥250	靠背下缘距座面高（h_5）	170
桌下净空深3（t_3）	≥330	座面有效深（t_4）	380
桌面宽（b_1）	单人用600，双人用1200	座面宽（b_3）	≥360

三、任务实施

（一）讨论

1. 人体尺寸的差异。

2. 人体结构尺寸和人体功能尺寸。

3. 设计中人体尺寸应用原则及百分位选择。

4. 设备及用具的高度与身高的关系。

5. 人体尺寸测量数据的应用方法。

（二）实验

实验：人体数据测量

1）实验目的

利用测量仪器，对人体各部位尺寸进行测量，通过实际操作加强学生对这些数据的理解和记忆。

2）实验内容

测量人体主要尺寸（包括体重、立姿人体尺寸、坐姿人体尺寸、人体水平尺寸四部分，共计24项）。

3）实验步骤

（1）进行相关内容预习，明确实验中测量的选项及对应部位。

（2）学习使用各种测量仪器，学生分组进行实际测量。

（3）实验结果记录、计算平均数据及百分位。

四、任务小结

本节主要讲述了人体尺寸的分类、比例关系、人体尺寸的差异、我国成年人人体结构尺寸和功能尺寸、设计中人体尺寸应用原则及百分位选择。在学习常用人体测量数据及应用的基础上，让学生善于发现日常生活中不符合人体工程学的案例，培养学生一种科学的思维方式。另外，通过实验加强学生的动手实践能力，加深学生对知识点的掌握，激发学生学习兴趣。

第三章 人的感知与人体运动特征

【学习任务】

1. 人体视觉机能特征；听觉机能特征；肤觉机能特征。

2. 感觉和知觉；知觉暂留和错觉。

3. 人体姿势、力的传递，运动和疲劳。

4. 肌肉施力的特点和肌力的数据参数。

【任务目标】

1. 掌握人体感觉系统在设计中运用的基本原则和数据，并且能够熟练应用于设计。

2. 掌握人的感知与心理特征的基本知识，并且能够熟练应用于设计。

3. 学习运动系统和人体力学知识并能应用于设计。

【任务要求】

1. 理解听觉机能特征与肤觉机能特征；掌握人体视觉机能特征。

2. 了解骨骼和肌肉基本知识；理解人体姿势、力的传递，运动和疲劳。

3. 掌握肢体的运动输出特性。

第一节　人体感知系统

一、基础知识的介绍

人类能够认识世界，首先依靠的是人的感知系统。人的感知系统是由神经系统和感觉器官组成。与环境直接作用的主要感官是眼、耳、鼻、口、皮肤及由此而产生的视觉、听觉、嗅觉、味觉和触觉，即"五觉"，另外还有平衡系统产生的运动觉。

（一）人体视觉机能特征

1. 视觉系统

眼睛是人体最精密、最灵敏的感觉器官，外界环境 80% 的信息是通过眼睛来感知的。视觉是由眼睛、视神经和视觉中枢的共同活动完成的。眼睛是视觉的感受器官，人眼是直径为 21 ~ 25mm 的球体，其基本构造与照相机类似，如图 3-1。

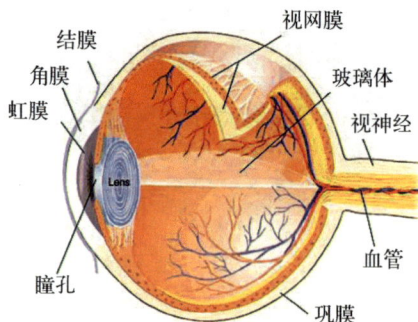

图 3-1　人眼结构示意图

2. 视觉机能

1）视角

确定被看物尺寸范围的两端点光线射入眼球的相交角度，如图 3-2。在工业设计中，视角是确定设计可视对象尺寸大小的依据。

$\alpha = 2\text{arctg}(D/2L)$

α—视角；D—被看物体上两端点的直线距离；

L—眼睛到被看物体的距离；

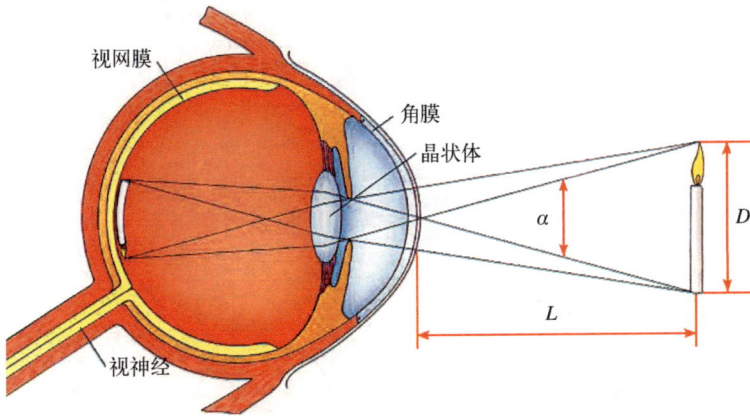

图 3-2　视角示意图

2）视力

眼睛分辨物体细微结构能力的一个生理尺度，以临界视角的倒数来表示。

3）视野

人眼能观察到的范围，一般用角度表示，如图 3-3、图 3-4。

4）视距

指人在控制系统中正常的观察距离。

5）色觉和色视野

色视野是指颜色对眼的刺激能引起感觉的范围。如图 3-5 在正常亮度条件下，人眼对白色的视野最大，对黄色、蓝色、红色视野依次减小，绿色视野最小。

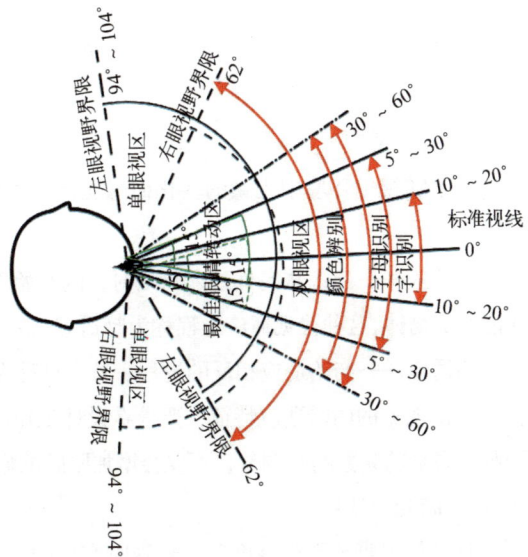

在水平面内最大固定双眼视野为 180°，扩大的视野为 190°，在标准视线左右各 10°～20° 视野内可以辨别字母。在标准视线左右各 5°～30° 视野内可以辨别字母，在标准视线右 30°～60° 范围是颜色视野，人最敏锐的视力是在标准视线两侧各 10° 的视野内。

图 3-3　人的水平视野

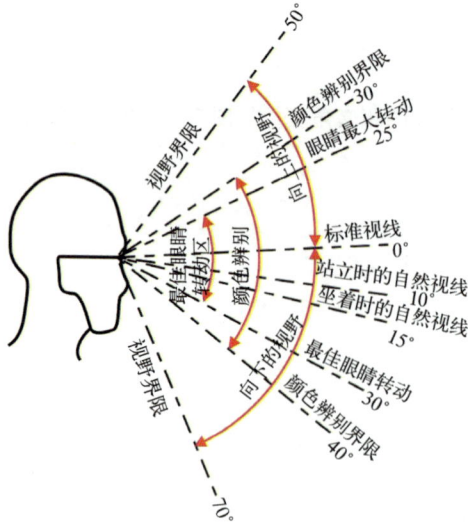

在垂直面内，标准视线为水平视线，最大固定视野为115°，标准视线上方50°，下方70°，扩大视野为150°，站立时的自然视线低于水平线10°，坐着时自然视线低于水平视线15°。人在松弛状态时，站和坐着时的自然视线偏离标准视线分别是30°和38°。因此，人在轻松时刻观看展览时，展示物的位置在低于标准视线30°的区域里。

图 3-4 人的垂直视野

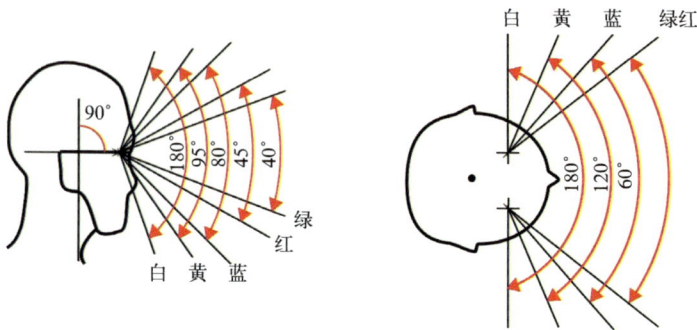

图 3-5 色视野

6）视觉适应

人眼随视觉环境中光量的变化而感受性发生变化的过程，称为视觉适应。分为明适应和暗适应。

暗适应——当人从亮处进入暗处时，刚开始看不清物体，而需要经过一段适应的时间后，才能看清物体，这种视觉适应过程称为暗适应。整个暗适应过程大约需要30分钟左右才能完成。

明适应——与暗适应相反的过程。整个过程大约需要1分钟左右。

根据视觉的明暗适应特征，要求在设计工作面照明时，需使其亮度均匀而且不产生阴影，否则，眼睛的频繁明暗调节，不仅会增加眼睛的疲劳，而且会引起错误操作。

7）眩光与残像

眩光是视野范围内亮度差异悬殊时产生的，如夜间行车时对面的灯光，夏季的太阳下眺望水面等。产生眩光的因素主要有直接的发光体和间接的反射面两种。浅色的眼睛比黑眼睛更易受到眩光的干扰。眩光的主要危害在于产生残象，破坏视力，破坏暗适应，降低视力，分散注意力，降低工作效率，产生视觉疲劳。

3. 视觉特征

1）疲劳程度：水平优于垂直。

2）视线变化习惯：左——右，上——下，顺时针。

3）准确性：水平尺寸和比例的估计更准确。

4）观察情况的优先性：左上——右上——左下——右下。

5）设计依据：以双眼视野为设计依据。

6）接受程度：直线轮廓优于曲线轮廓。

7）颜色的易辨认顺序：红、绿、黄、白；颜色相配时的易辨认顺序：黄底黑字、黑底白字、蓝底白字、白底黑字、白底红字。如图3-6中仪表盘的色彩搭配就非常清晰而又不失优雅。

（二）人体听觉机能特征

1. 听觉

听觉的适宜刺激是声音，声音的声源是振动的物体。

1）声音的刺激：人的听感范围：20 ~ 20000Hz，在人对声音的感觉中，频率对应的是音调的高低。

2）听力：声音的强弱常用声压级表示，单位是分贝（dB）。

起主要作用的部位：内耳耳蜗

起辅助作用的部位：外耳、中耳、内耳的其他部分，如图3-7。

2. 声波的强度——音量

声强：单位面积上的声功率，一般使用声强的对数进行音量的计量，单位为分贝（dB）。例：正常呼吸：10dB；交谈者相距1m，噪声为50dB时，可用正常音量交谈；噪声为90dB时，必须大声喊叫；音量突然增大到150dB时，会造成鼓膜破裂出血，爆震性耳聋。

图3-6　仪表的基色为黑色系列为主，白色的指针和刻度在黑色的衬托下显得优雅、柔和；重要信息则使用明亮的橙红色

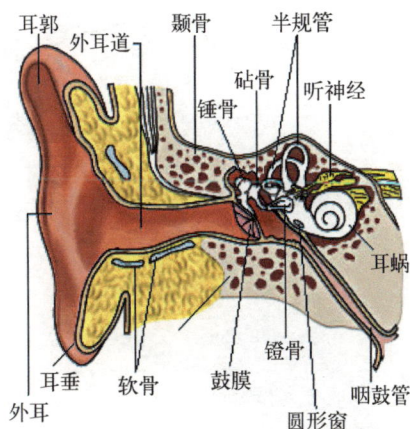

图3-7　人耳的基本结构

（三）人体肤觉机能特征

皮肤是人体面积最大的结构之一，具有调节体温、分泌、排泄等功能，对情绪也起着重要的作用。肤觉是仅次于听觉的一种感觉，可感受多种外界刺激，形成多种感觉。人们通常将触觉、温度觉和痛觉、振动觉看作是几种基本的肤觉。

1. 触觉

触觉是皮肤受到机械刺激而引起的感觉。触觉和视觉一样，是人们获得空间信息的主要感觉通道。图 3-8 就是利用触觉进行操作的设计系统。

该系统完全摆脱了一般 3D 设计软件的限制，提供了操作者与真实世界互动的最基本方式之一——触觉，设计师可以通过触感，与模型进行直接和自然的互动。例如，当雕刻刀接触到模型时，会有力量回馈到握笔的手，让使用者感受到接触时的力量，在雕刻时也可以设定模型的软硬度，进而决定雕刻所需的力量。简单、直接的触觉互动，精确、细微的触觉控制，使一个非常复杂的三维数字模型，用 30 分钟就可以解决。

图 3-8　Sensable FreeForm 触觉式设计系统

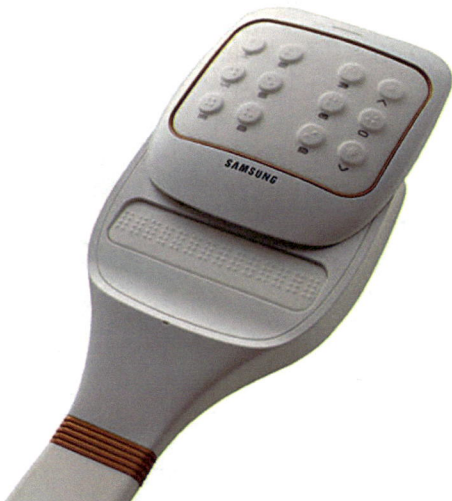

图 3-9　三星 "touch messenger"

皮肤感受到的舒适性与触觉有关，正如我们抚摸羊毛制品会觉得柔软，温暖一样。因此在家具设计或是室内设计里，为了确保肤觉的舒适性，装饰装修所用的材料就至关重要了，人们会因为材料自身的属性或是特征的不同，而有相异的触觉感受。

触觉的特性对于盲人来说更为重要。图 3-9 是三星的 "touch messenger"，这款触摸式手机的按键和屏幕专门为盲人用点字法输入而设计，这样盲人只需用手来触摸按键便可进行短信的发送。

具有良好触觉设计的产品，能让人感到舒适、安全、方便，同时可以传达产品的某些使用信息，让使用者更为便捷的享用产品的功能。例如，电脑键盘 F 和 J 两个按键上的凸起就是为了让使用者通过触觉准确定位，轻松实现"盲操作"，从而提高工作效率。

2. 温度觉

温度觉包括冷觉与热觉两种。刺激范围超过 -10℃ ~ 60℃，会引起痛觉。人的皮肤温度在 32 摄氏度左右，故 32℃左右的温度刺激不产生冷热感，成为生理零点。

人体对环境的冷热调整与适应，其范围是有限的，所以自古以来，人们就利用房屋、衣着、采暖等办法，来减轻体温调节的负担。体温的稳定是保护脏器、大脑等肌体的需要。如果一个人较长时间停留或生活在一个恒定的环境温度里，则其生理功能就要衰退，心理就会发生障碍，严重的就会生病。

3. 痛觉

痛觉分布全身，各种刺激都会造成痛觉。人与环境的交互作用中，环境过强刺激会引起痛觉，如眼痛、耳痛、头痛等。

痛觉与室内空间界面的关系，要求室内构配件和局部设计，凡是直接接触皮肤的部位一般应该保持光滑、无刺伤的危险，如扶手、家具拉手、墙角、台口等。

4. 振动觉

通常认为振动觉是触觉的一种，是反复激活触压觉而产生的。振动对人体的影响有两种：

全身振动可以引起眩晕、恶心、血压升高、心率加快、疲倦、睡眠障碍等症状；全身振动引起的功能性改变，脱离接触和休息后，多能自行恢复。其次，局部振动，则引起以末梢循环障碍为主的病变，亦可影响肢体神经及运动功能。发病部位多在上肢，典型表现为发作性手指发白（白指症）。局部振动病是国家法定职业病之一。因此，为了减少振动对人体的影响或损伤，则需要对振源进行隔振或实施有效的劳动保护。

另外，振动对人的工作的影响是多方面的。人体或目标的振动会使视觉模糊，对仪表判读困难。在 1～10Hz 时，损害阈振动加速度为 1m/s^2 左右，肢体和人机界面的振动使动作不协调，操纵误差增加，5Hz 左右误差最大；全身颠簸会使语言明显失真或间断，在 4～10Hz、振动加速度大于 3m/s^2 时，语言品质下降，难以维持足够的清晰度。由于振动使脑中枢机能水平降低、注意力分散、容易疲劳，从而加剧振动的心理损害。

全身振动和局部振动的标准法在国际上已有规定，这就是 ISO 确定的全身振动的标准值。根据这个规定，在现场对于垂直振动，8h（等能量计权振动总值的参考时间）的耐久界限为 96dB，防止疲劳的界限为 90dB，防止发生不愉快的界限为 80dB。

二、案例分析

案例一：PH 灯具

1. PH 灯具概述

丹麦设计师保罗·汉宁森（Poul Henningsen，1894-1967）设计的"PH"灯具完美地体现了科学技术与艺术的统一。PH 系列灯具的核心就是把等角螺线的特性应用在灯罩的形状上，将光线导向正确的方向，提高照明工具的效率；PH 灯对于光线的反射和扩散，完全遵循照明工学的逻辑，它的灯泡钨丝置于等角螺线的焦点上，避免眩光，使光不容易直接进入眼睛。

PH 系统是一种包括三种不同尺寸，表面进行过不同处理的灯伞，这几个灯伞可以与具有不同用途、型号各异的灯配套使用。

2. PH 灯具的重要特征

1）所有的光线必须经过一次反射才能达到工作面，以获得柔和均匀的照明效果，并避免清晰的阴影。

图 3-10 "PH"灯具 a   图 3-11 "PH"灯具 b   图 3-12 "PH"灯具 c   图 3-13 "PH"灯具 d

2）无论从任何角度均不能看到光源，以免眩光刺激眼睛。

3）对白炽灯光谱进行补偿，以获得适宜的光色。

4）减弱灯罩边沿的亮度，并允许部分光线溢出，以防止灯具与黑暗背景形成过大反差，造成眼睛不适。

三、任务实施

（一）讨论

1. 人的视觉特征与设计。

2. 人的触觉特征与设计。

（二）调研

视觉特征在设计中的应用。

四、任务小结

本节主要讲述了视觉机能特征，包括视觉系统、视觉机能、视觉特征；人体听觉机能特征，包括听觉、音量；人体肤觉机能特征，包括触觉、温度觉、痛觉、振动觉。让学生通过讨论、师生交流、调研的方式进行学习，提升学生的理论水平和调研能力，增强学生利用理论知识解决实际问题的能力。

第二节　人的感知与心理特征

一、基础知识的介绍

（一）感觉和知觉

1. 感觉

1）感觉概念

感觉是有机体对客观事物的个别属性的反映，是感觉器官受到外界的光波、声波、气味、温度、硬度等物理与化学刺激作用而得到的主观经验。

2）感觉意义

1954年，加拿大麦克吉尔大学的心理学家首先进行了"感觉剥夺"实验。

实验说明：

A、感觉提供了内外环境信息。

B、保证了机体与环境的信息平衡。

C、感觉是认识过程的开端，是一切较高级复杂心理现象的基础。

3）感觉分类

外部感觉：反应外界各种事物个别特性的感觉，如视觉、听觉、嗅觉、肤觉等。

内部感觉：是反映人自身各个部分内在现象的感觉，这类感觉有运动觉、平衡觉和机体觉。

4）感受性和感受阈限

感受性是有机体对适宜刺激的感觉能力，它以感觉阈限来度量。

感受阈限是刚好能引起某种感觉的刺激值。感受性与感觉阈限成反比，感觉阈限越低，感觉越敏锐。

5）感觉特性

感觉适应——感觉器官经过连续刺激一段时间后，敏感性会降低，产生暗适应、明适应和温觉适应等。

感觉疲劳——当同一种刺激物的刺激时间过长时，由于生理原因，感觉适应变为感觉疲劳。例如，"久闻不知其香"、"熟视无睹"。

感觉对比——当同一种感觉器官接受两种完全不同但属于同一类的刺激物的刺激时，会产生感觉对比。

感觉补偿——当某种感觉丧失后，其他感觉可以在一定程度上进行补偿。例如，盲人的听觉和触觉很发达。

2. 知觉

1）知觉概念

知觉是人对事物的各个属性、各个部分及相互关系的综合的、整体的反映。

2）知觉分类

空间知觉——是人们对物体的形状、大小、深度、方位等空间特性的知觉。

时间知觉——是人们对客观现象的持续性和顺序性的知觉。

运动知觉——是人们对物体的静止和运动以及运动速度的知觉。

3）基本特性

选择性——人的周围环境复杂多样，大脑不可能同时对各种事物进行感知，而总是有选择地将某一事物作为知觉的对象。

知觉的选择性受许多因素的影响。一般地说，强度较大、色彩鲜明、活动性、变化性的刺激物容易成为知觉对象；组合比较规律的刺激物（即良好图形）容易成为知觉的对象。知觉的选择性既受知觉对象特点的影响，又受知觉者本人主观因素的影响，如兴趣、态度、爱好、情绪、知识经验、观察能力或分析能力等。如图3-14与图3-15。

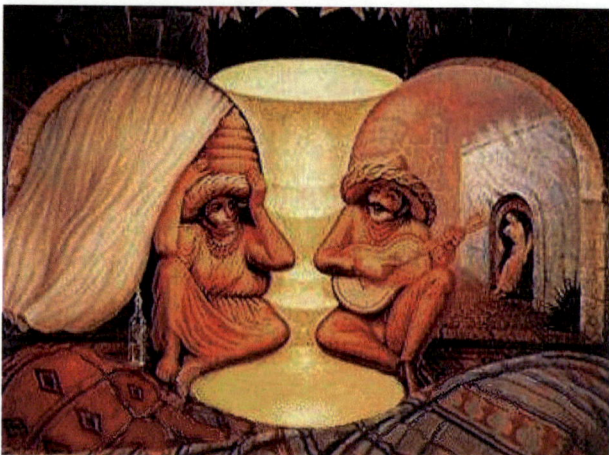

图 3-14　知觉选择性 a

图 3-15　知觉选择性 b

整体性——当人们感知一个熟悉的对象时，只要感觉了它的个别属性和特征，就能使之形成一个完整结构的整体形象，如图 3-16 与图 3-17。

图 3-16　知觉整体性 a

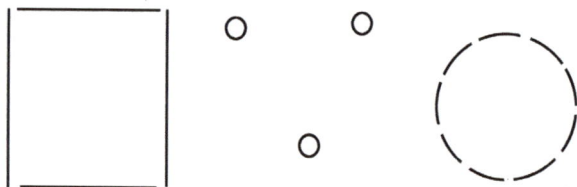

图 3-17　知觉整体性 b

理解性——指对事物加工处理时，用以前获得的知识并结合自己的实际经验来理解所知觉的对象，并用概念的形式进行反映的特性。

恒常性——由于知识和经验的参与，知觉表现出相对的稳定性。

不同的人对同一事物可能产生不同的知觉，在产品设计的过程中，设计师应当考虑人在知觉上的共性，又要考虑到人知觉的差异性。

3. 感觉与知觉的区别与联系

感觉所反映的只是事物的个别属性。如形状、大小、颜色等。通过感觉还不知道事物的意义，知觉反映的是包括各种属性在内的事物的整体，通过知觉，可以知道所反映的事物的意义。

感觉反映个别，知觉反映整体，感觉是知觉的基础，知觉是感觉的深入。

（二）感觉暂留和错觉

1. 感觉暂留

1）分类：视觉暂留、味觉暂留、听觉暂留、嗅觉暂留。

2）视觉暂留：人眼在观察景物时，光信号传入大脑神经，需经过一段短暂的时间，光的作用结束后，视觉形象并不立即消失，而要延续 0.1 ~ 0.4s 左右的时间，这种残留的视觉称"后像"，视觉的这一现象则被称为"视觉暂留"。

2. 错觉

错觉——是指观察注意对象所得到的印象与实际注意对象之间出现差异的现象。

视错觉由人的生理和心理特征决定。有长短错觉，光渗错觉、方位错觉、对比错觉、色错觉等，如图 3-18~ 图 3-26。

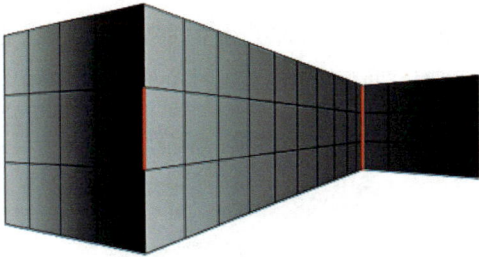

图 3-18　米勒·莱尔错觉

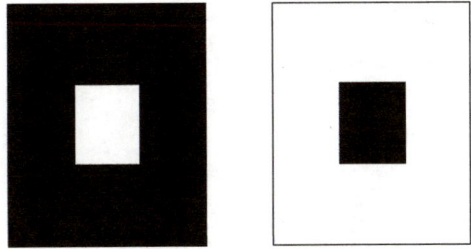

图 3-19　光渗错觉

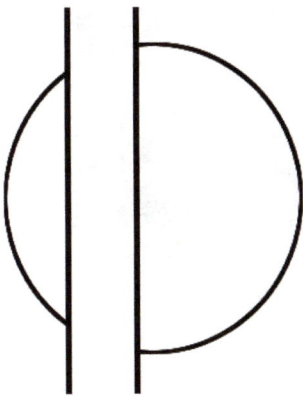

图 3-20　伯根道夫环形错觉　　图 3-21　黑林错觉　　图 3-22　策尔纳幻觉

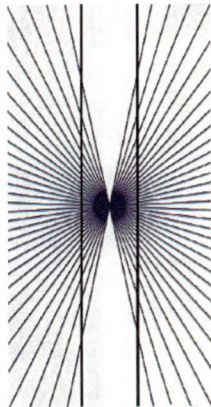

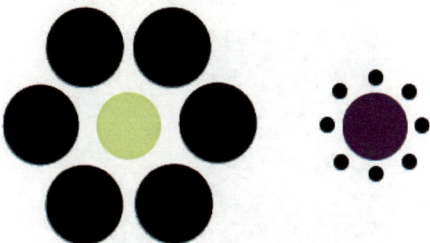

图 3-23　艾宾浩斯错觉　　图 3-24　克莱克·奥·布莱恩 – 康斯威特方块

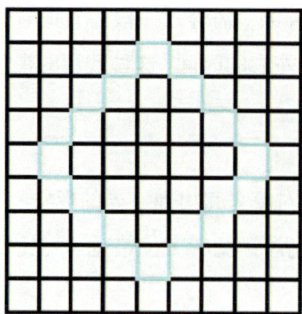

图 3-25　Van Tuiji 错觉

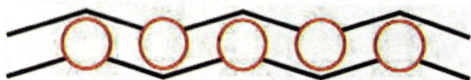

图 3-26　庞泽幻觉

二、案例分析

案例一：John Leung 设计的视错觉书架

John Leung 基于视错觉原理，设计了这款视错觉书架 Bias of Thoughts（"思维的偏见"），从左边看，有四层，换一边，有三层？充分满足了人们对书架又实用又有强烈视觉效果的要求（图 3-27~ 图 3-29）。

案例二：空间错觉感的壁灯

把壁灯安装到墙和整个房间的空间中不同的位置，能够产生空间错觉。你会感觉到有空间交错的幻觉（图 3-30~ 图 3-33）。

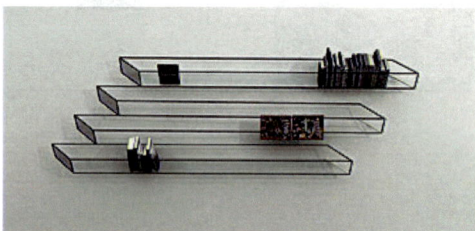

图 3-27　视错觉书架 a

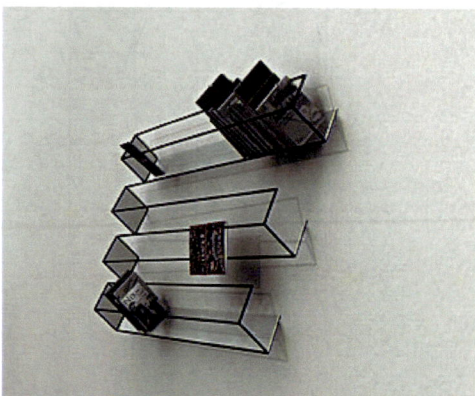

图 3-30　空间错觉感的壁灯 a

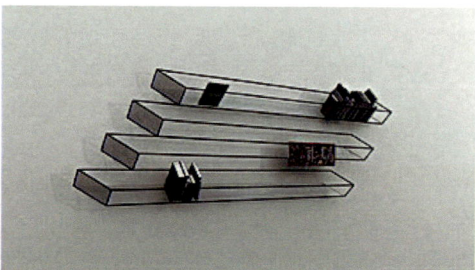

图 3-31　空间错觉感的壁灯 b

图 3-28　视错觉书架 b

图 3-32　空间错觉感的壁灯 c

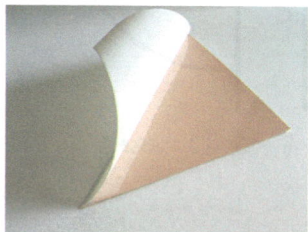

图 3-29　视错觉书架 c

图 3-33　空间错觉感的壁灯 d

三、任务实施

（一）讨论

1.感觉与知觉特性；感觉与知觉的区别与联系。

2.视觉错觉的类型。

（二）调研

视觉错觉在设计中的应用案例。

四、任务小结

本节通过理论讲解，使学生了解人的感知与心理特征的基本知识，包括感觉的概念、分类、特性，知觉的概念、分类、特性，感觉和知觉的区别与联系；感觉暂留与视觉错觉，以及视觉错觉在设计中应用的案例。通过讨论分析和调研，使学生加强对这一学习内容的掌握和深入。

第三节 人体运动特征

一、基础知识的介绍

（一）运动系统

运动系统是人体完成各种动作的器官系统，由骨骼（运动杠杆）、关节（运动动力）和肌肉（运动枢纽）组成。

骨——运动的杠杆

关节——运动的枢纽

肌肉——运动的动力

1.骨骼

人体共有206块骨头，通过关节构成骨骼系统。骨骼是人体的支架，支撑着人体，决定了身体的基本型。其中脊柱在骨骼系统中很重要，作业姿势与脊柱运动的关系直接影响生理负荷和作业效率。家具设计与脊柱的姿势也有密切的关系（图3-34、图3-35）。

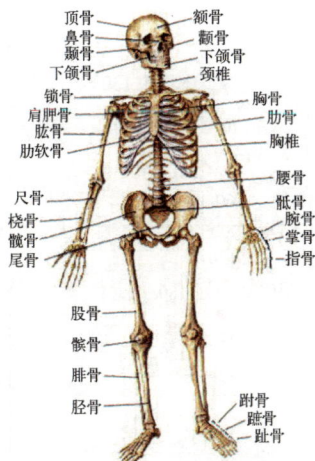

图3-34 人体骨骼结构图

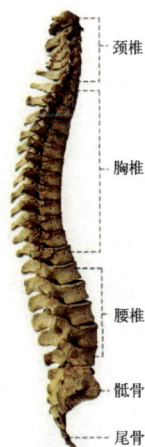

图3-35 人体脊柱示意图

2.肌肉

肌肉是人体运动系统的动力，人的全身共有 639 块肌肉，是体重的 40%。

1）肌力

肌力是由肌肉的收缩产生的，它的大小取决于肌纤维的数量、体积、性质、收缩前的长度及中枢神经的兴奋状态，是人体各种动作和维持人体各种姿势的动力源泉。肌力因人而异，一般女性的肌力比男性低 20%～30%，右利者右手肌力比左手约高 10%，左利者左手肌力比右手约高 6%～7%。

2）操纵力

操纵力是人们使用器械、操纵机器所使用的力。主要指机体的臂力、握力、指力、腿力或脚力，有时也用到腰力、背力等。由表 3-1 中可以看出平均握力与年龄、性别的关系；由表 3-2 中可以看出坐姿手臂在不同角度和方向上的操纵力；由图 3-36 中可以看出立姿拉力、推力分布情况；由图 3-37 中可以看出立姿弯臂时的力量分布情况。

无论是人体自身的平衡稳定或人体的运动，都离不开肌肉的机能。肌肉的机能是收缩和产生肌力，肌力可以作用于骨，通过人体结构再作用于其他物体上，称为肌肉施力。肌肉施力有两种方式：

（1）动态肌肉施力：肌肉有节律的伸缩、舒张。血液循环加速，使肌肉获得足够的糖和氧，迅速排除代谢废物（图 3-36、图 3-37）。

平均握力与年龄、性别的关系（单位：N）   表 3-1

项目 \ 年龄	11	12	13	14	15	16	17	18	19	20
男右	210	240	280	340	400	450	480	480	490	500
男左	190	230	240	320	350	380	400	400	410	420
女右	180	220	250	280	290	300	310	330	320	330
女左	160	200	230	250	260	250	270	280	270	280

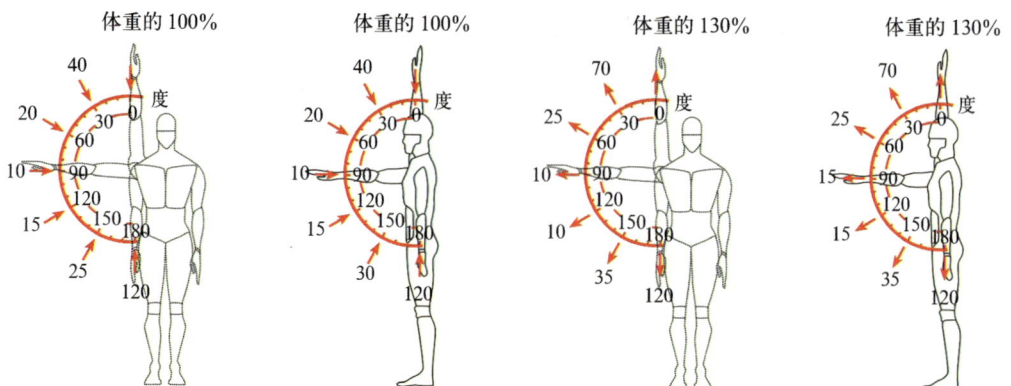

图 3-36 立姿拉力、推力分布图

坐姿手臂在不同角度和方向上的操纵力（单位：N）　　表 3-2

手臂的角度	拉　力		推　力	
	左手	右手	左手	右手
	向后		向前	
180	230	240	190	230
150	190	250	140	190
120	160	190	120	160
90	150	170	100	160
60	110	120	100	160
	向上		向下	
180	40	60	60	80
150	70	80	80	90
120	80	110	100	120
90	80	90	100	120
60	70	90	80	90
	向内侧		向外侧	
180	60	90	40	60
150	70	90	40	70
120	90	100	50	70
90	70	80	50	70
60	80	90	60	80

（2）静态肌肉施力：收缩的肌肉压迫血管，阻止血液进入肌肉。肌肉无法从血液中获得糖和氧，不能迅速排除代谢废物。避免静态肌肉施力是人体工程学的基本原则。表 3-3 是静态作业与人体的症状。

静态作业与人体的症状　　表 3-3

作业姿势	可能疼痛的部位
固定站于一个位置	腿和脚；静脉曲张
座位无靠背	背部的伸肌
座位太低	肩和颈
座位太高	膝关节；小腿；脚
坐或站时弯背	腰；椎间盘症状
手水平或向上伸直	肩和手臂；肩周炎
过分低头或仰头	颈；椎间盘症状
不自然地抓握工具	前臂；腱部炎症

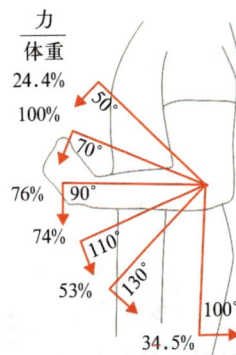

力/体重
24.4%
100%
76%
74%
53%
34.5%

50°
70°
90°
110°
130°
100°

图 3-37　立姿弯臂时的力量分布

（二）人体力学

1. 人体姿势

人体的静态姿势有立姿、坐姿、蹲姿、跪姿和卧姿，此外还有不定性的各种弯姿。

2. 力的传递

由于人体姿势不同，人体内力和重力传递的路线也不同，如图3-38。

头 → 颈 → 臂 → 胸 → 腰 → 骨盆 → 大腿 → 小腿 → 足 → 支撑面

图3-38　人体重力传递简图

从图中可见，各支撑面的压力线分布不同，压力大小也不同，故在支撑面（如座椅的椅面、床垫等）设计时，应使力均匀分布，以满足人的舒适要求。

3. 肢体的运动输出特性

1）身体的动作速度和频率

人体的四肢在不断地运动，动作速度是有限的。作业设计应考虑人的这种特性，不可超出人体的极限值。

与身体的动作速度和频率有关的因素较多，下面主要从人体运动部位、运动形式、运动方向等方面做简要说明。

（1）人体运动部位、运动形式与运动速度

人体完成一次动作的最少平均时间　　　　表3-4

人体运动部位	运动形式和条件	最少平均时间 /ms
手	直线运动抓取	70
	曲线运动抓取	220
	极微小的阻力矩旋转	220
	有一定的阻力矩旋转	720
腿脚	向前方、极小阻力踩踏	360
	向前方、一定阻力踩踏	720
	向侧方、极小阻力踩踏	720 ~ 1460
躯干	向前或向后弯曲	720 ~ 1260
	向左或向右侧曲	1260

（2）运动方向与运动速度

由于人体结构的原因，人的肢体在某些方向上的运动快于另一些方向。

2）运动准确性及其影响因素

准确性是运动输出质量高低的另一个重要指标。在人机系统中，如果操作者发生反应错误或准确性不高，即使其反应时间和运动时间都极短也不能实现系统目标，甚至会导致事故。影响运动准确性的主要因素有运动时间（速度）、运动类型、运动方向、操作方式、力量等。

（1）运动速度与准确性

运动速度与运动准确性之间有互相补偿关系，如图3-39，速度——准确性特性曲线。从图上可以看出：速度越慢，准确性越高，但速度降到一定程度后，曲线渐趋平坦。在人机设计中过分强调速度而降低准确性，或过分强调准确性而降低速度都是不利的。曲线的拐点处为最佳工作点，该点表示运动时间较短，但准确性较高。随着系统安全性要求的提高，常将实际的工作点选在最佳工作点右侧的某一位置上。

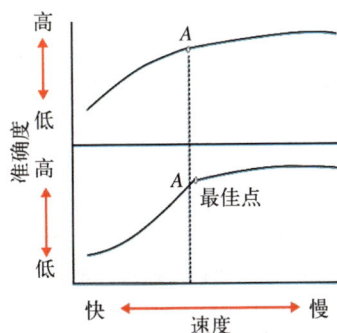

图3-39　速度——准确性特性曲线

（2）运动方向与准确性

在垂直面上，手臂作前后运动时颤抖最大，其颤抖是上下方向的；在水平面上，作左右运动的颤抖最小，其颤抖方向是前后的。

（3）盲目定位性与准确性

在实际操作中，当视觉负担很重时，往往需要人在没有视觉帮助的条件下，根据对运动轨迹记忆和运动觉反馈进行盲目定位运动。实验证明：正前方盲目定位准确性最高，右方稍优于左方，在同一方位，下方和中间均优于上方。

（4）其他

柔和的动作比粗猛的动作准确；有力动作比无力动作准确（圆规、卡尺设计）；较长距离（100～400mm）比较短距离（100mm）准确；向外伸出比向内收回准确；在动作方向定位上，最准确的方向是正前方手臂部水平的下侧，最不准确的方位在侧面，右侧比左侧准确，下部比上部准，双手同时均匀地操作时，双手直接在身前活动的定位准确性最高。

4.运动和疲劳

人体的室内外活动均会消耗大量的体能，连续活动一定程度后，就会引起人的疲劳。疲劳是一种复杂的生理和心理现象。

1）生理疲劳的主要特征

（1）疲劳通过机体的活动产生，通过休息可以减轻或消失。

（2）人体的耐疲劳程度可以通过疲劳和恢复的重复交替而得到提高。

（3）人体能量消耗越多，疲劳的产生和发展越快。

（4）疲劳程度有一定限度，超过限度就会损伤人的肌体。

2）心理疲劳的主要特征

在日常的生活、工作中，时常出现这样的现象：人体肌肉工作强度不大，但由于神经系统紧张程度过高或长时间从事单调、厌烦的工作而使操作者表现出较强的疲劳症状，如感觉体力不支、注意力不集中、反应迟缓、情绪低落、心烦意乱，并往往伴随着工作效率降低、错误率上升等现象。操作者的这种表现，可以认为就是心理疲劳的症状。心理疲劳症状的进一步发展，将导致头痛、眩晕、心血管和呼吸系统功能紊乱、食欲下降、消化不良以及失眠等。

二、案例分析

案例一：自行车的人体工程学因素

1. 影响自行车性能的人体因素

1）人的下肢肌力

自行车骑行的原动力，主要是骑车人的下肢肌力。人骑车时，骨骼肌肉内部的化学能转换为肌肉收缩的机械能。自行车脚蹬的转动就是通过腿肌收缩出力而完成的，一般说腿肌长的人比腿肌短的人有利。肌肉收缩时产生的力，一般与肌肉的截面积成比例，约为 $40 \sim 50N/cm^2$，通过一定训练的人可提高到 $65N/cm^2$。

2）人的输出功率

人输出的功率随着骑车人的体格、体力、骑车姿势、持续时间和速比等的变化而变化。一般成年男人的最大输出功率约为 0.7 马力（0.51kW），能持续 10s 左右。如果持续时间长，其值要小得多，持续 1h，大约只有 $1.0 \sim 0.7$ 马力（$0.07 \sim 0.15$kW）。

3）人的脚踏速度

自行车运动是很有节奏的，其节奏常常与人的心脏节律保持一定关系。健康人的心脏跳动为 70 次/min，一般脚踏以 60r/min 节奏转动较为合适。设计时以这一常用速度来确定相关设计参数。

4）人的平衡机能

骑车人本身的平衡机能是影响自行车性能的重要因素，如果缺少平衡机能，哪怕是运动性能很好的自行车也不能平稳行驶；若人有很好的平衡机能，却可掩盖自行车设计上的某些缺陷。

5）人的手和握力

影响刹车性能的人的因素主要是人的手和握力，男性和女性，成年人和儿童，手的大小和握力都不相同。据试验，为了长时间施闸而不致使手有疼痛的感觉，希望只用最大握力的10% 左右便能得到必要的减速度。

6）人的疲劳

人体疲劳和疼痛是对骑车出力性能的不利因素。疲劳和疼痛一般是由于部分肌肉负担过大，骑车姿势不合适，以及体重对鞍座的体压分布不合适等引起的。

2. 人机工程学在自行车主要部件中的应用

1）前叉部分

自行车设计国家标准规定，车把前轴线与通过轮心的地面垂直线的交点到地面的距离不小于轮半径的 15%，不大于轮半径的 60%。

2）车把部分

这是关于操作和制动性能的主要部件。经实践测量，当车把的宽度接近于骑车者的最大肩宽时，人能够自然舒适地握住车把，并能保持长时间不易疲劳。中等身材（50% 的人群）的人最大肩宽，男为 43.1cm，女为 39.7cm，因此，车把的宽度可定为 39.7 ~ 43.1cm。设计时，还应考虑手掌中央与把套的中央为接触点，这样可使整车受力平衡。

3）鞍座部分

人处于坐姿状态时，与鞍座紧密接触的是最能承受压力的臀部的两块坐骨结节，时间久了，便会感到疲劳，造成臀部疼痛。

（1）鞍座结构设计

鞍座的设计应采用局部凹陷的结构，以减少对骑乘者坐骨生殖区造成的压迫，如图 3-40。

图 3-40　specialized 自行车鞍座（Romin Pro 车队版 143mm/155mm）

（2）尺寸设计

根据人体测量学 50% 的人群盆骨的坐骨结节间距约为 200 ~ 220mm，在设计时还需加上适当的设计余量（40 ~ 60mm），以提高鞍座的舒适性。因此，普通休闲自行车的鞍座后端宽度以 240 ~ 280mm 为宜。由于女性的髋骨要宽于男性，所以女式自行车的鞍座宽度要比男性宽一些。鞍座后端的长度应由坐姿状态下坐骨结离臀部后缘的距离（100 ~ 120mm）确定，鞍座总长度则由坐姿时会阴处离臀部后缘的距离（160 ~ 190mm），再加上适当余量确定。

4）车架部分

车架是自行车的主要部件，承载着骑乘者的全部重量，分前三角和后三角部分。车架作为整个车子的骨架，最大限度地决定、影响了骑行姿势的正确性和舒适性。

（1）车架立管的倾角

车架立管与水平面之间的夹角称之立管倾角。如果鞍座到中轴中心的距离不变，立管倾角确定鞍座相对于中轴的前后位置，关系到骑行重心的位置和输出效力。对于骑车人来说，下肢的关节相对中轴中心的位置，是决定下肢肌肉群的肌力有效利用的一个关键，也即踏力和踏速能否获得最佳的配合的一个关键。实验证明：高速自行车股关节相对中轴的位置应该前移，即立管倾角增大。

（2）曲柄长度

曲柄长度决定了脚蹬轴的前后水平距离和上下垂直距离。由此也确定了大腿骨的运动角度和有关肌肉群的收缩程度。肌肉的收缩一般在自然伸长状态时能够发挥最大的力量。肌肉收缩时长度缩短 30% 左右为宜，超过此限，收缩力大减。考虑这些肌肉的特性及其相应的肌力，对于一定长度的骨骼，就容易预测出相应的曲柄长度。曲柄长度可取股骨长的二分之一左右。也有把曲柄长度的基准定为身高的十分之一。曲柄的长度也直接影响合理的踏速，即曲柄转速。

5）车轮部分

车轮部分承受自行车和骑乘者的总重量。脚踏力和车轮启动力矩是 1∶20。为了更好的发挥车轮的启动力，则要提高车轮部件的质量。

3. 自行车设计案例

图 3-41　"ONE" 折叠自行车
英国设计师 ThomasJowen 的作品是一款超酷的折叠自行车，和普通的折叠自行车不同的是它可以最大限度地折叠。折叠后体积小巧，方便携带，而打开后圆环型造型设计独特而时尚，而且特别有运动感。

图 3-42　Grasshopper 电动自行车
它不但可以用电源充电，还可以通过"人力"充电，可以将后轮架起来，当作一台健身器，在锻炼身体的同时，也在为自行车充电。

图 3-43　A2B 三轮车
这是设计师 Shabatai Hirshberg 为残疾儿童设计的三轮车，这辆车能让残疾儿童很舒服的趴在车上，车把前面的挡板可以用来支撑他们的身体。

图 3-44 丹麦 TrioBike 设计的
"三重唱"多功能自行车
革新了以往自行车的单一功能，它集合了自行
车、小型载货和折叠式婴儿车的功能，极大地
方便了使用者。

图 3-45 无轮毂自行车

图 3-46 婴儿车自行车

图 3-47 美国设计师 EricStoddard
设计的 Autovelo 电动助力车
采用了前置脚踏＋后置电动助力的布局，和
传统类似产品相比，Autovelo 电动助力车能
提供更为舒适的乘坐感受——按照设计师的理
解，这可是 SUV 级的乘坐享受——因为，整
个座椅的角度、视野以及双脚搁在踏板上的那
种感觉，几乎就和越野车一模一样。

图 3-48　GBO Design 公司设计的水陆两用自行车
这款外观奇特的自行车是专为荷兰海尔蒙德市而设计，因为海尔蒙德市内有许多运河，而且这些运河就是该市道路系统的一部分，因此这种水陆两用自行车可以让海尔蒙德人既可以陆上骑车，也可以在运河中前行。

图 3-49　专为脑瘫残疾人设计的自行车

三、任务实施

讨论

1. 避免静态肌肉施力的人体工程学的基本原则。

2. 静态作业与人体的症状分析。

3. 肢体的运动输出特性。

4. 人的生理疲劳和心理疲劳。

四、任务小结

本节主要讲述了人体运动系统（骨骼、肌肉施力）以及人体力学（人体姿势、力的传递、身体的动作速度和频率、运动和疲劳）。通过讲解使学生了解人体运动特征知识，能够理论与实践相结合，充分调动学生的积极性、主动性，鼓励学生动手、动口、动脑，全方位参与教学。

第四章　手持式工具的人体工程学设计

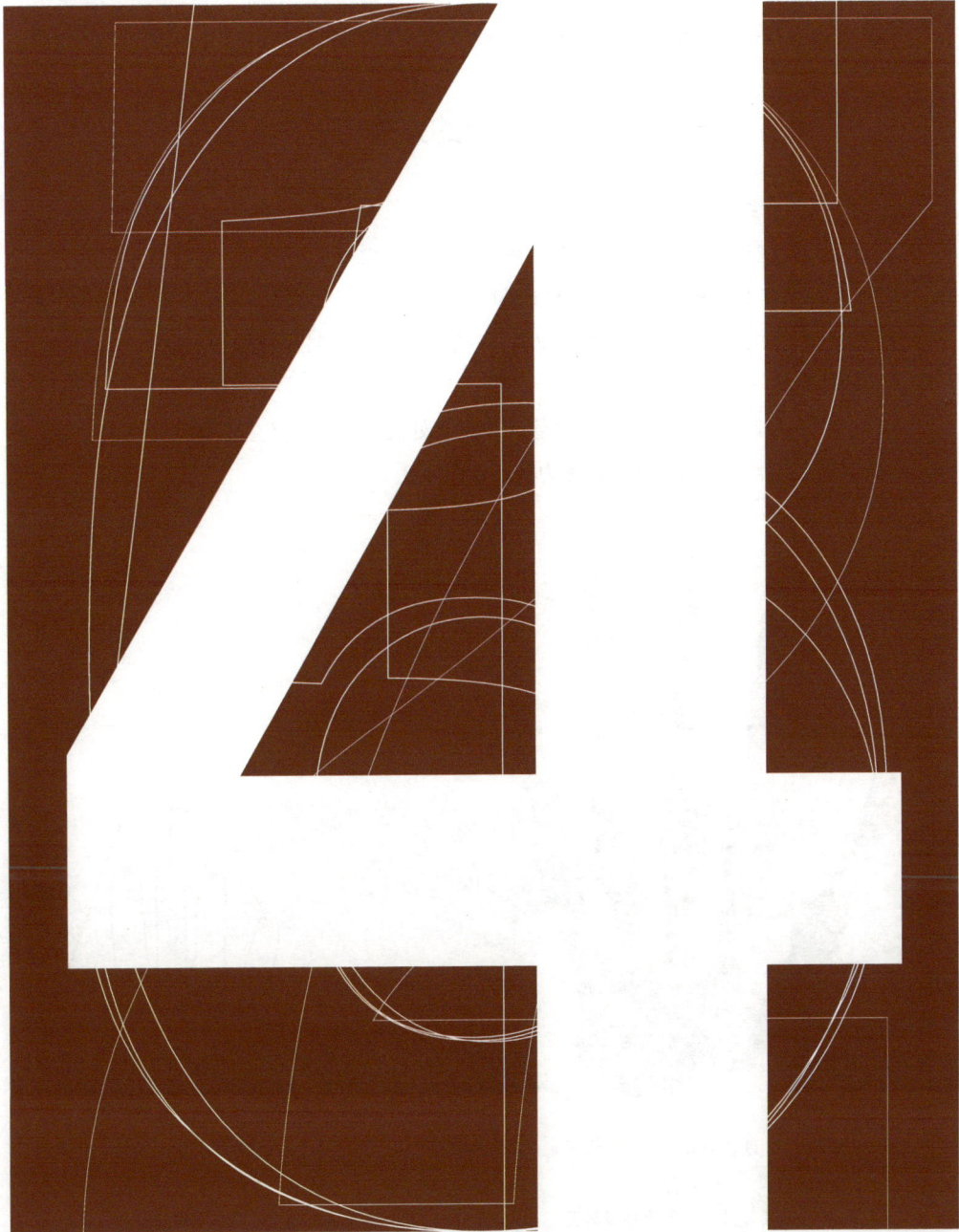

【学习任务】

1. 手持式工具使用不当所引起的上肢职业病。

2. 手持式工具的设计原则和设计要点。

【任务目标】

学习手持式工具人体工程学设计的原则、设计要点等，并能应用于设计。

【任务要求】

1. 了解手持式工具使用不当所引起的上肢职业病。

2. 掌握手持工具的设计原则和设计要点。

3. 完成课题——根据人体工程学原理对厨刀（或剪刀）进行改良设计，并分析其设计依据。

第一节　手持式工具的人体工程学设计

一、基础知识的介绍

（一）手持式工具要考虑的手部人体工程学特征

（二）手持式工具使用不当所引起的上肢职业病

使用设计不当的工具会导致多种职业病，一般统称为重复性积累损伤病症。

1. 腕管综合征（鼠标手）

人体的正中神经以及进入手部的血管，在腕管处受到压迫所产生的症状，主要会导致食指和中指僵硬疼痛、麻木与拇指肌肉无力感，如图4-3。

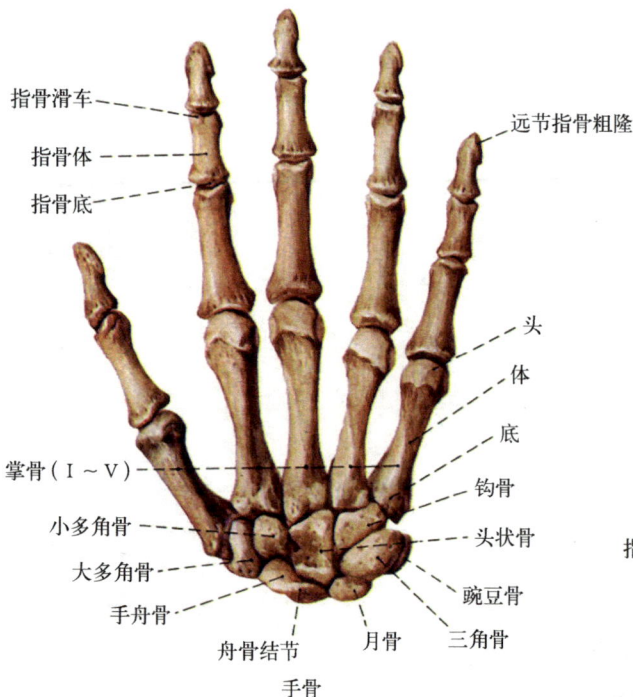

图 4-1　手部骨骼解剖图

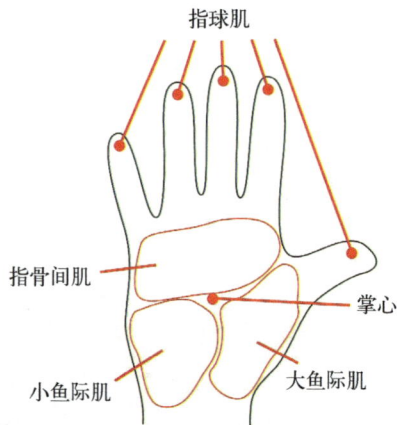

图 4-2　手部肌肉结构示意图

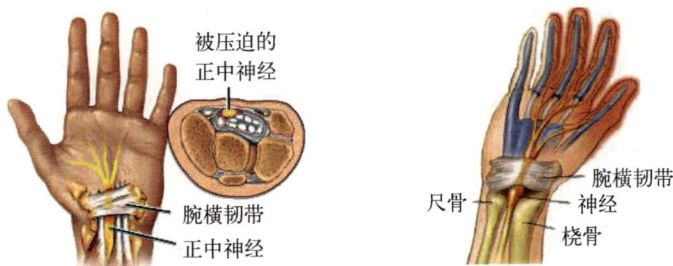

图 4-3　腕管综合征示意图

工具设计应避免操作时非顺直的手腕状态。

2. 腱鞘炎

腱鞘炎是指腱鞘因机械性摩擦而引起的慢性无菌性炎性改变。特别是用手指反复做伸、屈、捏、握操作的人易患此病。腕部或手指麻木、水肿、刺痛、敏感性下降，或者按上去有痛感，关节不活络，弯曲手指握东西感到困难、无力，手指一活动就加重不适感等，这些是明显的腱鞘炎症状。

工具设计应避免操作时手腕尺偏、掌屈和腕翻转。

3. 扳机指

手指屈肌腱鞘炎又称为狭窄性腱鞘炎或扳机指。其主要表现为在屈、伸指活动过程中，在掌指关节掌侧感觉酸胀、疼痛，严重者会出现弹响，甚至绞锁，导致屈、伸指功能障碍。

工具设计应避免操作时使用拇指或采用指压板控制。

4. 网球肘

网球肘的致病因素很多，但一般认为是因前臂伸肌群的长期反复强烈地收缩、牵拉，使这些肌腱的附着处发生不同程度的急性或慢性积累性损伤。主要表现为肘关节外踝处局限性疼痛，并向前臂放射，尤其是在内旋时，可因剧痛而使持物失落，静息后再活动或遇寒冷时疼痛加重。

工具设计应避免操作时手腕过度桡偏。

（三）手持式工具设计的人体工程学因素、设计原则与要点

1. 手持式工具设计的人体工程学因素

1）手持式工具的大小、形状、表面状况与人手的尺寸和解剖条件适应。

2）使用时保持手腕顺直；避免掌心受压过大；尽量由大小鱼际肌、虎口等部位分担压力。

3）避免手指反复弯曲扳动操作；避免或减少肌肉的"静态施力"。使用手工具时的姿势、体位应自然、舒适，符合手和手臂的施力特征。

4）不让同一束肌肉既进行精确控制，又出很大的力量；应让准确控制的肌肉与出力大的肌肉互相分开。

5）避免手的重复动作。

2. 设计原则

1）必须有效地实现预定的功能。

2）必须与操作者身体成适当比例，使操作者发挥最大效率。

3）适当考虑性别、训练程度和身体素质的差异。

4）作业姿势不能引起过度疲劳。

5）充分考虑安全性。

3. 把手设计参数

1）直径：着力抓握 30 ~ 40mm；精密抓握 8 ~ 16mm。

2）长度：100 ~ 125mm。

3）形状：圆形、三角形、矩形、丁字形、斜丁字形等。

4）弯角：10° 左右。

5）双把手工具：此类设计主要考虑两手柄之间的空间（抓握空间），两手柄向内弯时，其空间约为 75 ~ 80mm，平行时约为 45 ~ 50mm，最大握力应小于 100N。

6）安全防护：需用纵向推力的手柄（如刀等），为防滑确保安全，应在用力方向设计安全防滑挡，在直径上比手柄握处大于 40 ~ 50mm。

4. 手持式工具设计

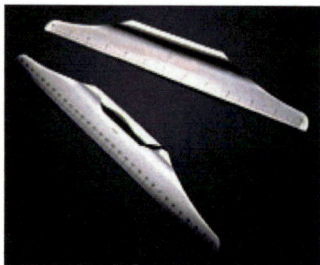

图 4-4　ECCO Design Inc 设计的软边尺
此软边尺不仅突破原有形态定势，卷边的柔软形更反映了新的握姿。

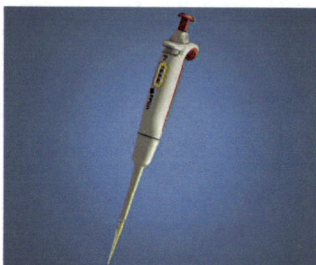

图 4-5　德国 VITLAB 微量移液枪
符合人体工程学的指架，便于手持整合校准功能，左右手都可方便操作。

图 4-6　指甲刀设计
符合人体工程学以及完美的切割设计。采用外科手术用的不锈钢材料，可以毫不费力平滑的切削。

图 4-7　Cold Steel 狗腿廓尔喀冷钢弯刀

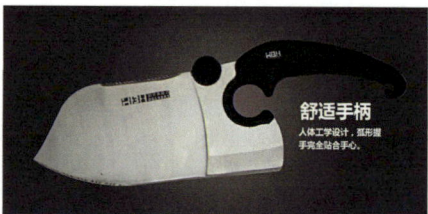

图 4-9　康巴赫多功不锈钢厨刀，刀柄的人体工学设计，弧形握手完全贴合手心

图 4-8　S2 分头式锤子
锤子的头部一分为二，将胡桃木手柄延伸。在高碳钢锤头和胡桃木手柄之间有一层减震垫。

图 4-10 康巴赫多功不锈钢厨刀，
球形尾端防止使用时滑脱

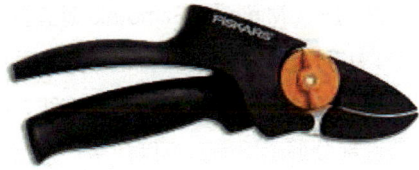

图 4-11 日本 Fiskars 剪

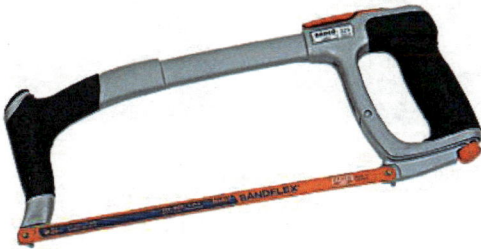

图 4-12 Bahco Hacksaw frame 325 钢锯
把手与前端的辅助把手的人体工学设计，具有柔软、温暖、防滑
的特点，使握感舒适，有效减少手部疲劳。

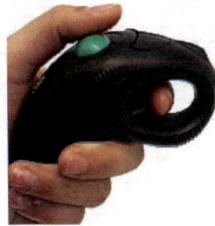

图 4-13 优鼠 Y-10L 2.4G 无线轨迹球空中
鼠标，是握式无线手持 / 桌面两用鼠标，人
体工学设计，手感舒适

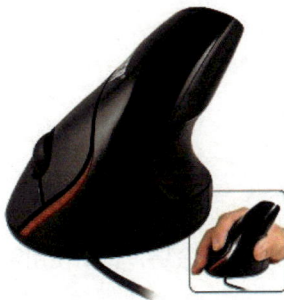

图 4-14 Anker 人体工学鼠标
Anker 是美国著名的电子品牌，Anker 鼠标，其完
全按照人体工学设计，降低手腕压力，预防鼠标手。

图 4-15 美国 HE 垂直激光鼠
应用人体工学紧握型设计，完美贴合手型曲线，侧
面抓握防滑科技使握感舒适，有效减少手部疲劳。

图 4-16 HANDSHOE 鼠标
以轮廓的形式来实现放松手部的目的，在此理念下诞生了完
全支持手部的造型，充分应用了掌形特点，将每个手指部位
都做了深入分析与舒适设计。Handshoe 鼠标外观比普通鼠标
要大，而且握感姿势非常得体。

图 4-17 符合人体工程学的"完美"设计
——最舒适的圆珠笔

二、案例分析

案例一：Minicute Ezmouse 垂直鼠标人体工程学分析

1.Minicute Ezmouse 垂直鼠标外观设计

鼠标整体的造型具有很强的流线型特征，手感相当舒适。鼠标从手心接触部分到手指左右按键部分握感饱满，可以让用户整个手心贴在鼠标上，使用起来的感觉非常舒适到位，如图 4-18 与图 4-19。

图 4-18　Minicute Ezmouse 垂直鼠标

图 4-19　产品外观

鼠标表面采用增加抑菌成分的防滑橡胶油，健康抑菌，防汗涂层，长期使用不易疲劳，且不用担心汗湿漓手。

2.Minicute Ezmouse 垂直鼠标尺寸设计

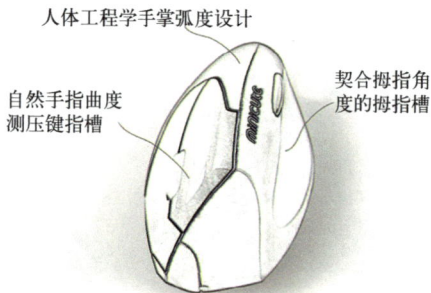

人体工程学手掌弧度设计

自然手指曲度
测压键指槽

契合拇指角
度的拇指槽

Ezmouse2 鼠标垂直设计有效预防鼠标手

图 4-20　Minicute Ezmouse 垂直鼠标
人体工学设计示意图 a

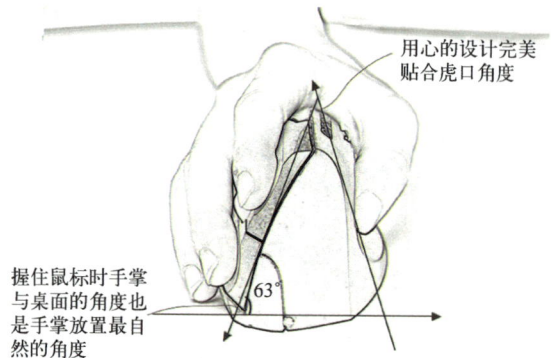

用心的设计完美
贴合虎口角度

握住鼠标时手掌
与桌面的角度也
是手掌放置最自
然的角度

63°

图 4-21　Minicute Ezmouse 垂直鼠标
人体工学设计示意图 b

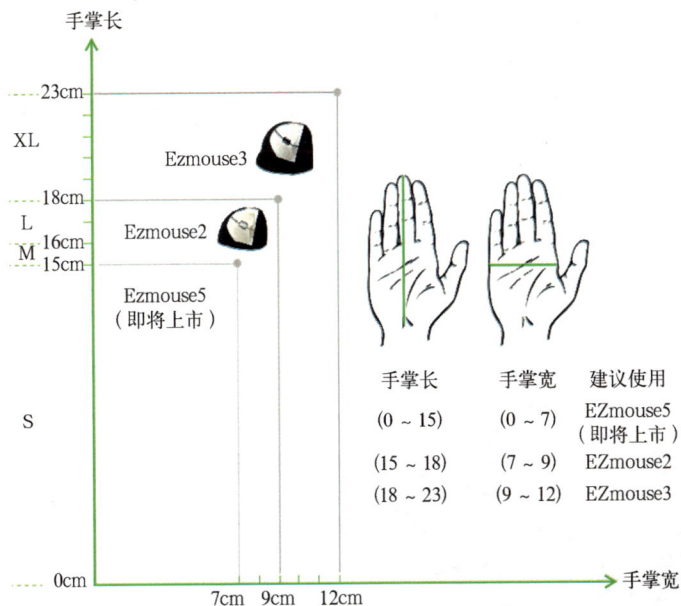

图 4-22　Minicute 系列适用手掌长宽比例示意图

3. 设计原理

传统手握鼠标，使用时前臂扭曲，手指悬空，手腕、手指、手部肌肉酸痛和疲劳。长此以往，手部会变形，引起"鼠标手"和肩周炎等职业病，如图 4-23。

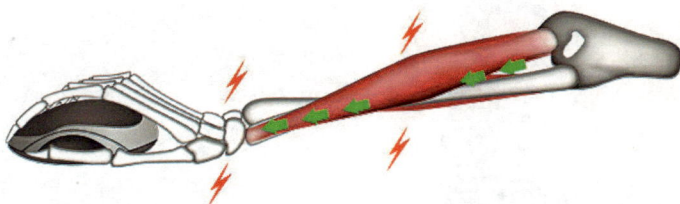

图 4-23　传统手握鼠标容易引起"鼠标手"

Ezmouse 的人体工程学垂直外形设计，避免了手腕处接触桌面，减少了腕部的压力和对正中神经的压迫，可以使手在使用时完全放松。手指弯曲的程度保持在半握拳姿态，拇指槽使用拇指与其余手指自然相对，手臂的垂直，舒缓屈肌和伸肌姿态，更轻松自如地操作鼠标，有效地减轻和避免了腕管综合征的发生，如图 4-24。

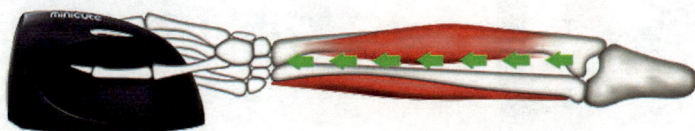

图 4-24　Ezmouse 人体工程学垂直设计有效防止"鼠标手"

ERGONOMICS AND PRODUCT DESIGN

案例分析二：AMOLD 电动螺丝刀

设计说明：

设计灵感来源于一把钥匙的外形。电动螺丝刀手把的设计非常符合人手特征，按钮设计也非常方便。

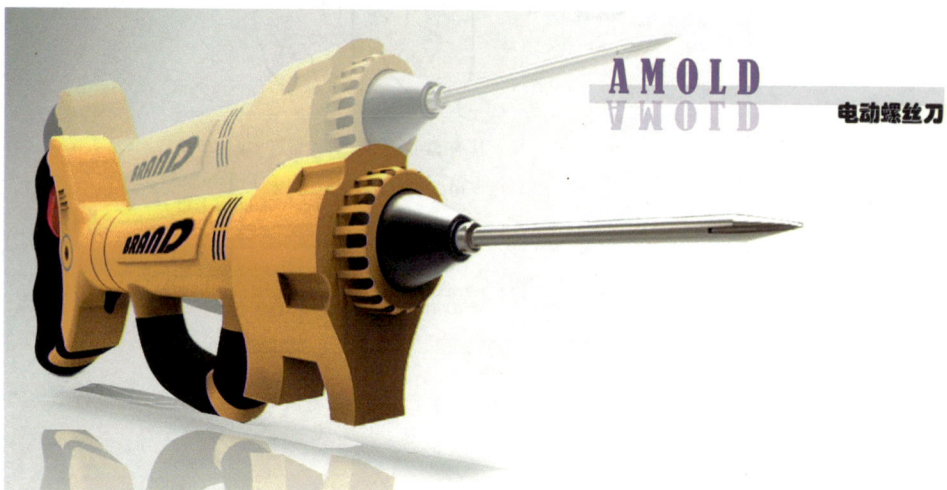

图 4-25   田付忠作品——AMOLD 电动螺丝刀

图 4-26   手把设计

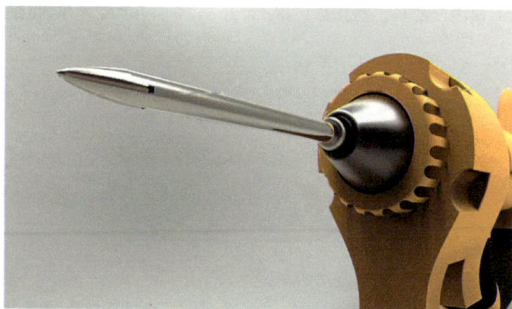

图 4-27   钻头部设计

图 4-28   色彩配置 a

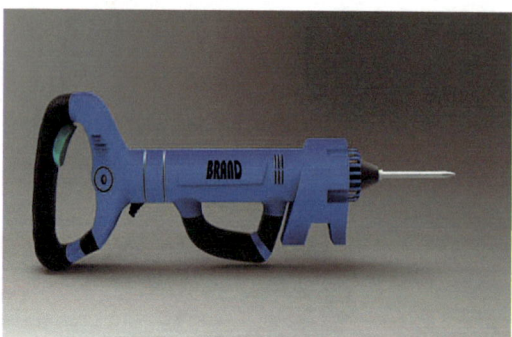

图 4-29   色彩配置 b

案例分析三：ID 精密电钻

1. 设计说明

设计灵感来源于传统来福枪，特点鲜明、造型严谨、功能强大。既解决了日常生活中电钻角度问题，也解决了钻孔深度无法测量的问题。

图 4-30　荣鹏涛作品——ID 精密电钻

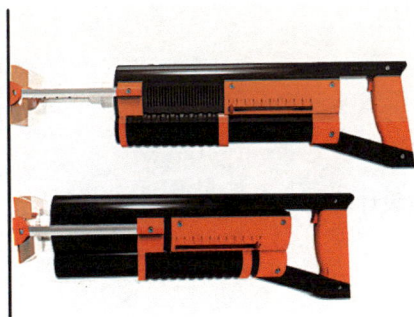

图 4-31　使用状态

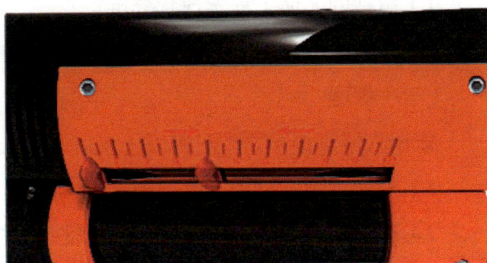

图 4-32　细节表现 a

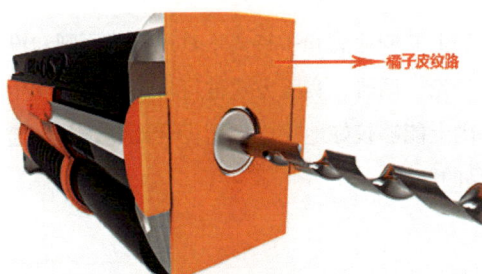

图 4-33　细节表现 b

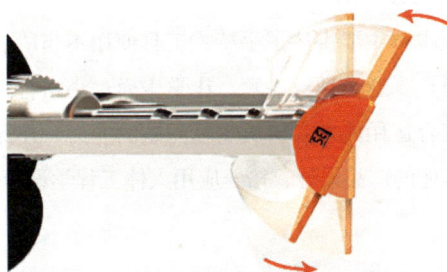

图 4-34　细节表现 c

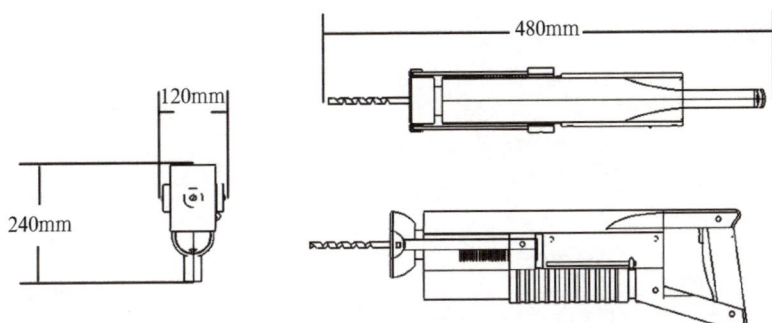

图 4-35　尺寸图

2. 主要特点

1）钻头增加精准角度测量仪，防止钻入角度的偏移。

2）侧翼增加深度测量仪，精确钻入的深度。

3）加入橘子皮护垫，可减少表面的磨损。

三、任务实施

（一）讨论（分组合作方式进行）。

1）手持式工具设计与使用不适引起的有关疾患。

2）手持式工具设计的原则。

（二）现有手持式工具的调研（分组合作方式进行）。

1）鼠标的人体工程学现状分析。

2）厨刀（或剪刀）的人体工程学现状分析。

（三）课题

依据人体工程学原理对厨刀（或剪刀）进行改良设计。

1）根据选题，分析可能的主要人机问题。

2）理论结合实际，应用人机知识提出解决方案。

3）作出设计说明，绘制三视图与效果图。

四、任务小结

本章主要讲述了手持式工具使用不当所引起的上肢职业病和手持式工具的设计原则和设计要点。通过理论讲解，让学生通过小组合作、讨论、调研、实验方式进行学习，培养学生的综合运用能力和解决实际问题的能力，在此基础上能够较好地完成应用设计课题，并且通过具体的产品设计，培养应用人体工程学设计产品的能力。

第五章　作业空间、作业台面、座椅的人体工程学设计

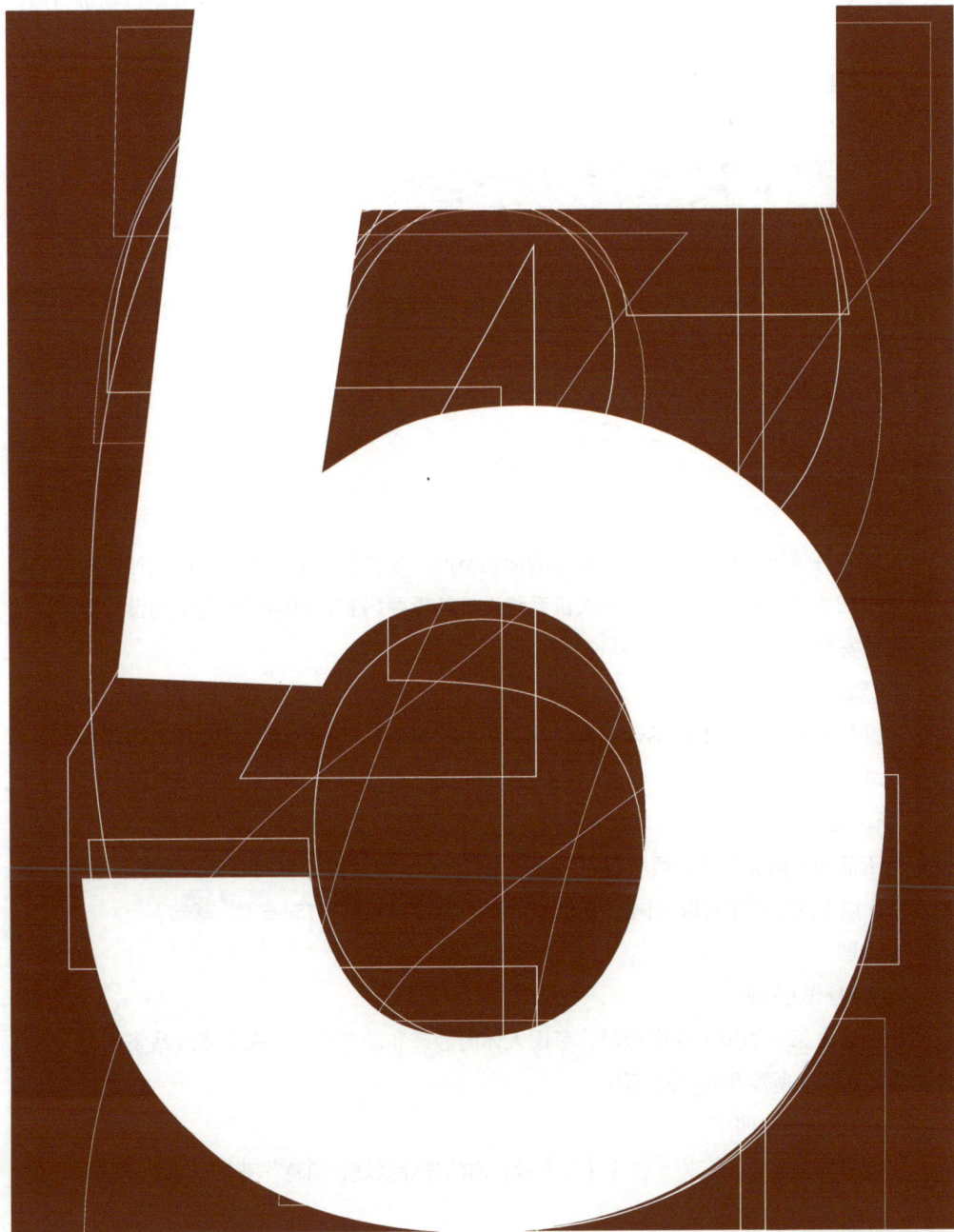

【学习任务】

1.作业空间的概念及其设计的重要性，作业空间的人体工程学数据参数以及设计原则。

2.作业台面的人体工程学数据参数以及设计原则。

3.座椅的人体工程学数据参数、要点以及设计原则。

【任务目标】

1.学习利用人体测量尺寸进行作业空间的设计。

2.能够按照人体工程学原则进行作业台面的设计。

3.掌握作业姿势与作业空间的重要人体工程学参数；能够按照人体工程学原则进行座椅的设计。

【任务要求】

1.完成实验——不同作业姿势工作台设计变化对工作效率的影响。

2.完成课题——健康电脑桌的人体工程学分析与设计。

3.完成课题——办公椅的人体工程学分析与设计。

第一节　作业空间、作业台面的人体工程学设计

一、基础知识的介绍

（一）人体的作业空间

1.概论

1）重要性

人在各种情况工作时都需要有足够的活动空间。工作位置上的活动空间设计与人体的功能尺寸密切相关。作业空间设计是人机系统设计的重要内容，科学的作业空间设计能够保障作业者的安全、健康和舒适性，从而提高系统的整体效率。

2）概念

人操作机器时所需要的活动空间，加上机器、设备、工具、用具、被加工物件所占有的空间的总和，称为作业空间。

3）百分位选择

由于活动空间应尽可能适应于绝大多数人的使用，设计时应以高百分位人体尺寸为依据。所以，在以下的分析中均以我国成年男子第95百分位身高（1775mm）为基础。

2.类别

1）近身作业空间

作业者在某一固定工作岗位时，考虑人体的静态和动态尺寸，在坐姿或站姿状态下，作业者为完成作业所涉及的空间范围。

2）个体作业空间

作业者周围与作业有关、包含社会因素在内的作业区域，简称作业场所。

3）总体作业空间

多个相互联系的个体作业场所布置在一起构成总体作业空间。

3.影响作业空间的因素

1）动作的方式——静止还是动态。

2）各种姿势下工作的时间。

3）工作的过程和用具——额外附加的设备会占用空间。

4）服装：随时间、地点、季节的变化，服装余量会有很大不同。

5）民族习惯。如日本、韩国等都是席地而坐，无论是空间的尺度和形态都与一般情况不同。

4.作业场所的布置原则

1）重要性原则：优先考虑实现系统作业的目标或达到其他性能最为重要的元件。

2）使用频率原则：经常使用的元件应布置于作业者易见易及的地方。

3）功能原则：把具有相关功能的元件编组排列。

4）使用顺序原则：按使用顺序排列布置各元件。

（二）作业姿势

1.作业姿势的选择

人的任何操作动作都是在一定姿势下进行的，姿势不同，肢体活动的空间范围也不同，因此工作台的造型尺度也不同。一般来说，人在工作台上的操作姿势多为立姿、坐姿或立、坐姿交替三种。

据测定，人立姿作业的能量消耗约为坐姿操作的1.6倍，若上身倾斜操作时可高达10倍。另外，坐姿操作的准确性通常都高于立姿。所以，在工作条件允许的情况下，作业姿势应尽可能地采用坐姿。对于作业时间持续较长，操作精度要求较高，需要手脚并用的场合，更应优先选用坐姿操作。

图5-1　谷歌欧洲总部办公空间a

图5-2　谷歌欧洲总部办公空间b

图5-3　摩托车骑乘空间

图5-4　汽车内部空间

只有在手或脚操作时需要较大空间且要经常改变操作体位的，或没有容膝空间而使坐姿操作有困难的情况下，才宜采用立姿操作。

2. 主要工作姿势

1）坐姿

2）立姿

3）坐、立交替

操作者在作业过程中，通常采用坐姿、立姿、坐立交替相结合的姿势，也有一些作业采用跪姿和卧姿。

（三）作业姿势与作业空间设计

1. 坐姿作业空间设计

1）水平作业范围

在水平方向上方便的移动手臂所形成的轨迹（覆盖的范围），如图 5-5。

2）垂直作业范围如图 5-6。

3）容膝、容脚空间

在坐姿工作台设计过程中，在工作台下部要有足够的容纳腿脚的区域，叫做容膝、容脚空间，如图 5-7。

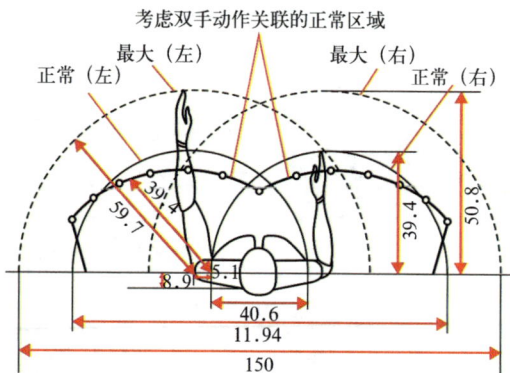

图 5-5　水平作业域（单位：cm）

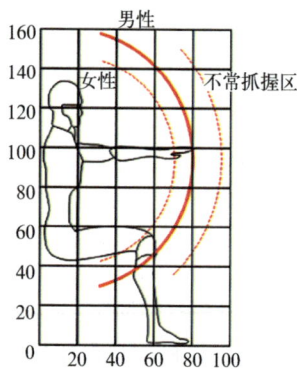

图 5-6　垂直作业域

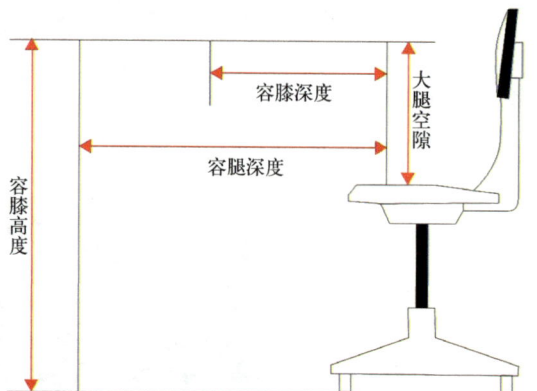

图 5-7　容膝、容脚空间示意图

容膝、容脚空间参考值（单位：mm）　　　　　　表 5-1

尺度部位	尺寸	
	最大	最小
容膝宽度	510	1000
容膝高度	640	680
容膝深度	460	660
大腿空隙	200	240
容腿深度	660	1000

2. 立姿作业空间设计

1）工作活动余隙

立姿作业时，人的活动性比较大，为保证作业者操作自由、动作舒展，必须使操作者有一定的活动余隙，并尽量大些。可参照表 5-2。

立姿作业工作活动余隙参考尺寸（单位：mm）　　　　表 5-2

余隙类型	最小值	推荐值
站立用空间工作台至身后墙壁的距离	≥ 760	910
身体通过的宽度	≥ 510	810
身体通过的深度，侧身通过的前后间距	≥ 330	380
行走空间宽度	≥ 305	380
容膝空间	≥ 200	
容脚空间	≥ 150×150	
过头顶余隙	≥ 2030	2100

2）立姿作业空间垂直方向布局设计

立姿作业空间垂直方向布局尺寸表（单位：mm）　　　表 5-3

控制器类型	推荐值
报警装置	1800
极少操作的手控制器和不太重要的显示器	1600 ～ 1800
常用的手控制器、显示器、工作台面等	700 ～ 1600
不宜布置控制器	500 ～ 700
脚控制器	0 ～ 500

3. 坐立姿交替作业空间设计

1）为了克服坐姿、立姿作业的缺点，在工作岗位上经常采用坐——立姿交替作业的方式。

2）这种作业方式的优点在于，能使作业者在工作中变换体位，从而避免由于身体长时间处于一种体位而引起的肌肉疲劳。比如，长时间的单调的坐姿作业会引起心理性疲劳。

3）在设计坐——立交替的工作面时，工作面的高度以站立时的工作高度为准，椅子高以

68 ~ 78cm为宜,同时提供脚踏板,使人坐着工作时脚有休息的地方,否则人们很难工作持久。

（四）作业台面

1.作业台面高度

指人的手在工作时相对于地面的高度。它不等于桌面高度,因为工作物件本身是有高度的。

1）作业面高度的确定

工作面的高度设计按基本作业姿势可分为三类：坐姿作业；站立作业；坐立交替式作业。

作业性质也影响作业面高度的设计,作业性质分为精密作业、一般作业和重负荷作业。坐立交替式作业指工作者在作业区内,既可坐也可站立。

2）站姿和坐姿时的作业面高度参考值

作业面的高度对作业效率及肩、颈、背和臂部的疲劳影响很大。一般情况下,使小臂保持水平或稍向下倾的作业面高度为最佳；单手作业时一般在肘下5 ~ 10cm为佳；而坐姿时的作业面高度随座椅高而变化。总的原则是保持作业时小臂水平或向下倾。

立姿和坐姿时的作业面高度参考值（单位：cm）   表5-4

作业类型	立姿		坐姿（因椅高而变化）	
	男	女	男	女
精密作业（如钟表装配）	98 ~ 108	93 ~ 103	95 ~ 105	89 ~ 95
轻型装配或写字	88 ~ 93	83 ~ 88	74 ~ 78	70 ~ 75
重荷作业	73 ~ 88	68 ~ 83	69 ~ 72	66 ~ 70

2.作业台面的深度

台面深度设计与作业平面内操作者的臂部和手部操纵能力相关。在设计作业台面的深度时,正常和最大作业区域是必须要考虑的重要事项：

1）把那些需要频繁操作的物件放置或定位在正常作业区域内,并尽可能靠近作业者身体。越是大的物件越要靠近身体。

2）其他物件可以放置在最大作业区域内。偶尔也允许将某些物件放置的远一点,超出最大作业区域范围,作业者稍向前屈伸就可触及。

3.作业台面的倾斜

有研究发现,适度倾斜的台面更适合于一些作业操作,实际设计中也有采用斜工作面的例子。当台面倾斜（12° ~ 24°）时,人的姿势较自然,躯干的移动幅度小,与水平作业面相比,疲劳与不适感减小。

二、案例分析

案例分析一：计算机操作作业空间中的人机分析

1.眼——视屏界面

1）人眼与视屏的关系

人眼与视屏应保持一定距离,以保证不受电子射线的伤害。屏幕越大视距应越远,取

600 ~ 700mm。

2）显示器的摆放

人在坐姿时的自然视线与水平视线成向下的 15°夹角，为获得最佳的观察精度，显示器表面应与视线近似垂直。故显示器表面应稍向后仰，大约 10°~ 15°夹角。选用可调显示器，建议可调高度为180mm，可调角度为 –5°~ +15°。

2. 手——键盘界面

1）手的姿势

应使上臂自然下垂，上臂与前臂之间的角度为 70°~ 90°。手和前臂呈一条直线，腕部向上不超过 20°。

2）键盘放置

选择高度可调的键盘，键盘的倾斜度在 5°~ 15°内可调。

3）可设置腕垫，预防腕管综合征。

3. 人——椅界面

使作业者保持正确坐姿，座椅尺寸应与人体测量尺寸相适合，采用可调座椅。

4. 脚——地板界面

台、椅、地三者间高度比例合适，使作业者脚能平放，大腿不上抬。

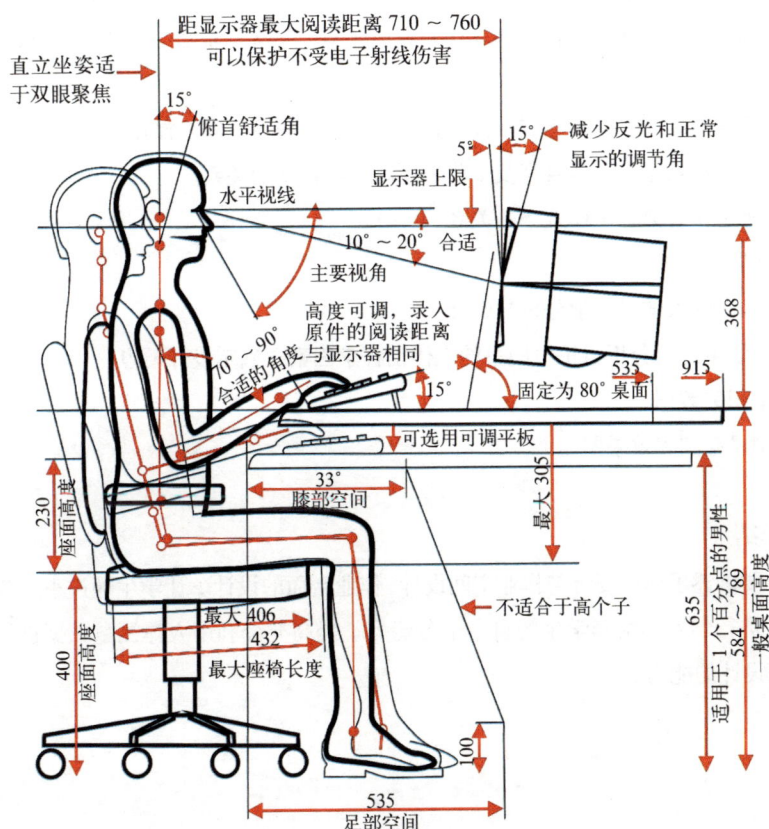

图 5-8 计算机操作作业空间设计示意图（单位：mm）

三、任务实施

（一）讨论（分组进行）

1. 作业空间设计的一般要求。

2. 影响作业空间的因素。

（二）实验（分组进行）

实验：不同作业姿势工作台设计变化对工作效率的影响

1）实验目的

通过研究坐姿和立姿作业条件下工作台高度及角度的变化情况以及对应工作时间的测定，了解工作效率与作业空间关系，寻找适合的工作台高度和倾角。

2）实验内容

研究立姿、坐姿作业条件下，工作台高度和角度变化对工作效率的影响。

3）实验器材

一只配电盘（18cm×20cm×2.5cm，30孔）、30个销子（d=0.95cm，L=7.5cm）、可调工作台（可调整高度和倾斜角度）、可调整高度的标准座椅、一只秒表、米尺。

4）实验步骤

（1）测量被测者的身高、坐下时最合适的座面高和座面倾角。

（2）在座面高和座面倾角固定条件下，操作者坐姿作业。调整工作台的高度，每次调整10cm，每个高度测量9次，工作台向操作者方向倾斜，每次调整2°～3°。分别测量插完30个销子的时间。

（3）在座面高和座面倾角固定条件下，操作者立姿作业，同上操作。

（4）分析工作效率与人体身高及工作表面高度和角度的关系。

（5）分析工作姿势与工作效率的关系。

（三）课题

健康电脑桌的人体工程学分析与设计

1）组织学生进行分析讨论电脑桌的人体工程学因素，确定设计要点。

2）测量相关数据。

3）绘制尺寸图和效果图。

四、任务小结

本节主要讲述了作业姿势与作业空间设计，作业台面的设计。让学生通过小组合作、讨论、调研等方式进行学习，培养学生的自主学习能力；提高充分利用人体测量数据进行作业空间和作业台面设计的能力。

第二节　座椅的人体工程学设计

一、基础知识的介绍

（一）人体坐态生理特征

1. 人体坐态的舒适与疲劳

脊柱位于人体背部中央，是躯干的主要支柱，其中腰椎部分承担上体的全部重量，同时还要实现人体运动时弯曲、扭转等动作，所以最容易损伤和变形。保证人舒适感的坐态应保证腰曲弧形处于正常状态，腰背松弛，从上肢通向大腿的血管不受压迫，保持血液正常循环。

根据矫形学原理和肌肉活动分析可得出下列结论：

1）躯干挺直或前倾的坐姿很容易引起疲劳。

2）设置适当的靠背可降低疲劳。

3）大于 90° 的靠背可防止骨盆的旋转，增加坐姿的稳定性，并使坐姿更接近自然状态。

图 5-9 至图 5-11 是 3 种不同坐姿的 2 ~ 3 腰椎背棘直肌肌电图。

图 5-9　在挺直坐姿下，腰椎部位肌肉活动度高，因为腰椎前向拉直使肌肉组织紧张受力

图 5-10　提供靠背支承腰椎后，活动力则明显减小

图 5-11　躯干前倾时，背上方和肩部肌肉活动度高，以桌面作为前倾时手臂的支承并不能降低活动度

2. 人体坐态体压分布

人坐着时，身体重量作用在靠背和座位上的压力分布叫坐态体压分布。座面体压主要分布在臀部，并在坐骨部分产生最大的压力，由坐骨向外，压力逐渐减少。为了减少臀部下部的压力，座面一般应设计成软垫，其柔软程度以使坐骨处支承人体的 60% 左右的重量为宜。其上压力应按照臀部不同部位承受不同压力的原则设计，坐骨处最大，向四周逐渐减小，至大腿部位最低。靠背体压主要分布在肩胛骨和腰椎骨两处。该两处的支撑位置通常被称为"腰靠"和"肩靠"。其中"腰靠"的位置大约在腰椎的第 3 ~ 4 节之间，"肩靠"的位置大约在胸椎的第 5 ~ 6 节之间。在设计座椅靠背时必须充分考虑到这两处的两点支撑作用，而一般操作用座椅，由于操作的要求，身体需要向前倾，肩部几乎接触不到靠背，所以，只有靠腰起支撑作用。所以，"腰靠"比"肩靠"更重要。

根据以上分析，在进行工作座椅设计时，要特别注意座高、座面宽、座面深、座靠背、体腿夹角等几何参数的科学设置。

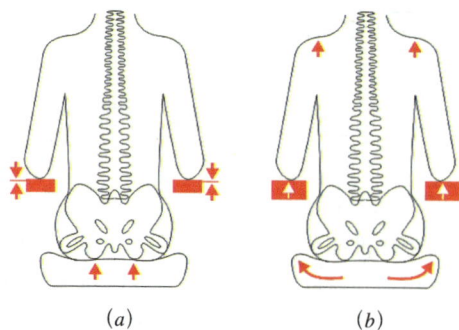

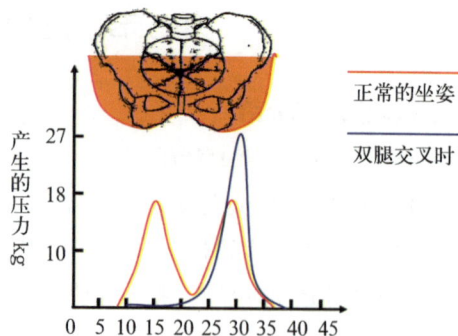

图 5-12　股骨受力分析图

图 5-13　两种不同坐姿股骨受力分析图

（二）座椅分类

1. 休息为目的的椅子

设计重点在于使人体得到最大的舒适感，消除身体的紧张与疲劳。合理的设计应使人体的压力感减至最小。

图 5-14　休息椅 a

图 5-15　休息椅 b

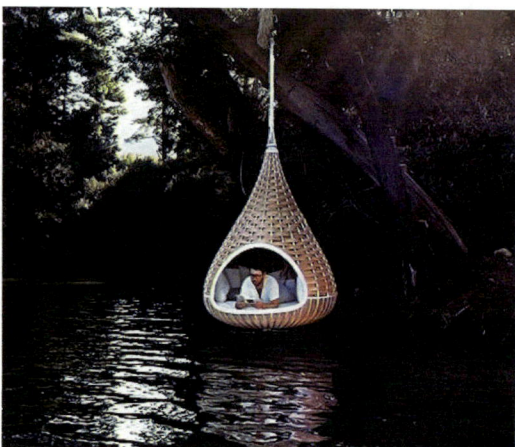

图 5-16　"nestrest" 室外吊舱休闲椅
法国设计师 Daniel Pouzet 和 Fred Frety 为户外家具品牌 Dedon 创作的这个水滴状的休闲椅可以放置在平地上也可以吊挂在树上。

图 5-17　织布鸟——藤艺

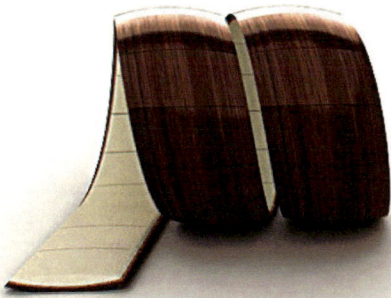

图 5-18　Loopita 贵妃椅

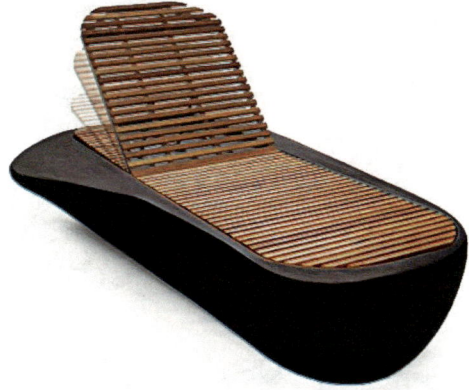

图 5-19　Saboo 户外休闲椅

2. 作业场所的工作椅

稳定性是主要因素，腰部应有适当的支持，重量要均匀分布于坐垫（或座面）上，同时要适当考虑人体的活动性，操作的灵活性与方便等。

图 5-20　Verte 办公椅

Verte 办公椅的背面看上去很像人的脊柱，它由 11 个可以弯曲的弹簧链接，当人背靠着的时候，它会变形到适合背部的最合适的状态。

图 5-21　宾尼法利纳的
Xten 办公椅

这款办公椅后面有一种神奇的凝胶材料，可以吸收人体的汗液，并且能减少身体 60% 的疲惫。

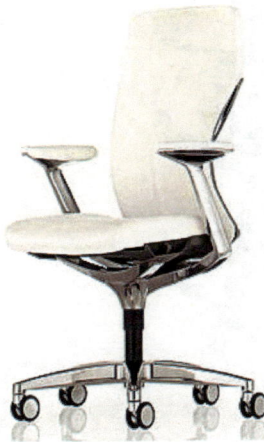

图 5-22　完全钢制的
座椅 Acuity Chair

这款由 Acuity 和意大利米兰设计公司 Bruce Fifield 共同设计的座椅，完全采用灵敏度极高的钢制成，使用的时候，它的人机工程学设计和人体姿势的吻合简直是天衣无缝。

图 5-23   Humanscale 自由椅

这个椅子有个自动装置，取代了传统的手柄或者按钮，它可以自动改变适应人体姿势的位置。这种座椅会促使人们经常改变坐姿，有效保证了人体的舒适和健康。

图 5-24   生物反馈椅 Smartchair

由 Jian Guan 设计的这款安装有自动调整系统装置的座椅。椅子下的支架是一个可以变形的大弹簧。它和靠背一起完成椅子外形的改变，适应人体姿势。

图 5-25   电脑桌椅 a

图 5-26   电脑桌椅 b

图 5-27   绘图用工作椅

3. 多用椅

这类座椅以多种功能为设计重点。它能与桌子配合，可能是工作、休息兼用，也可能是作为备用椅可以折叠收藏起来。

图 5-28　西班牙设计师 Jaime Hayon 设计的多用椅

图 5-29　多用椅

图 5-30　GiBooth 多用椅 a

图 5-31　GiBooth 多用椅 b

（三）人体工程学座椅设计细则

1. 座椅的形式与尺度与其功能有关

例如，休息椅设计重点在于使人体得到最大的舒适感，消除身体的紧张与疲劳；工作座椅稳定性是主要因素，腰部应有适当的支持，重量要均匀分布于座面上，同时适当考虑人体的活动性和操作的灵活性、方便性等。

2. 座椅的尺度必须参照人体测量学数据

例如，为使背部下方骶骨和臀部有适当的后凸空间，座面上方与靠背下方之间应有凹入或留一开口部分，其高度至少为 12.5 ～ 20cm。

3.身体的主要重量应由臀部坐骨结节承担

4.座椅前缘处，大腿与椅子之间压力应尽量减小

建议座面前缘应比人体膝窝高度低 3 ~ 5cm，且有半径为 2.5 ~ 5cm 的弧度。

5.腰椎下部应提供支撑，设置符合脊柱曲度的靠背以降低背部紧张度

成年人腰椎部中心位置约在座位上方 23 ~ 26cm 处，因此，腰椎支点应略高于此尺度，以支持背部重量。实验研究证明：人体自然放松状态下的人体曲线能与座椅靠背曲线充分吻合，座椅舒适度评价值就高。

6.椅垫必须有足够的垫料和硬度，使有助于体重压力均匀地分布于坐骨结节区域

（四）办公座椅设计细则

1.办公座椅设计的人体工程学因素

理想的办公座椅是人坐上去时，体重能均衡分布，大腿平放，两足着地，上臂不负担身体的重量，肌肉放松。因此在座椅设计时应重点考虑其结构形式、几何参数与人体坐态生理特征、体压分布的关系问题，它将直接关系到操作者作业时的舒适感。另外，作业场所的工作椅，稳定性是主要因素，同时要适当考虑人体的活动性，操作的灵活性与方便性等。

2.办公用座椅的一般要求

1）高度可调。

2）防止滑移和翻倒。

3）留有足够的腿部活动空间。

4）椅面材料要透气性好。

（五）不同种类座椅的人体工程学尺寸参数

座椅侧面轮廓（每格 100×100mm）

图 5-32　休息用椅

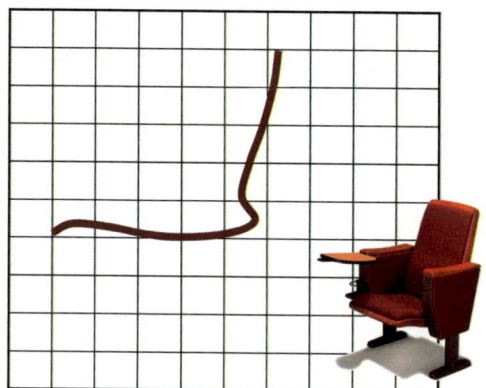

座椅侧面轮廓（每格 100×100mm）

图 5-33　多功能椅

不同种类的座椅的人体工程学尺寸参数（单位：cm）　　　　　表 5-5

类　别　项　目	休息座椅	工作座椅
座高	38 ~ 45	43 ~ 50
座宽	43 ~ 45	43 ~ 45
座深	40 ~ 43	35 ~ 40
座面倾角	19° ~ 20°	小于 3°
靠背高	48 ~ 63	48 ~ 63
靠背宽	33 ~ 48	33 ~ 48
扶手高	坐垫有效厚度以上 21 ~ 22	坐垫有效厚度以上 21 ~ 22
靠背角度 103° ~ 112°	休息椅 105° ~ 108°	阅读用椅 101° ~ 104°

二、案例分析

案例一：Aeron 椅

1994 年由设计师 William stumpf 设计完成，是由美国办公家具巨头 Herman Miller 推出的，它能够自然、切实地贴合每个使用者的身体，而且 94% 的材料都可回收利用。

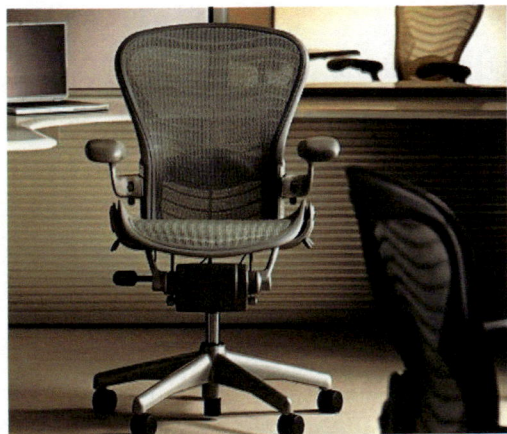

图 5-34　Aeron 椅

图 5-35　Aeron 椅面材质

1. 人体工学特点

1）PostureFit 的与众不同：为腰线以下的下背部提供了完全贴合的自然支持，能使人体保持更健康的姿势，并实现了下背部的极度舒适感。

2）高椅背：三种尺寸的 Aeron 座椅都有一张高大开阔的等高椅背，能够分担来自脊柱下部的重力。

3）双臂舒适自如：宽松的扶手可前倾调节。

4）瀑布形的前侧椅边：可有效减缓大腿下侧的压力，保持顺畅的血液循环。

5）有利健康的支撑：坚实的 Pellicle 悬浮系统能够将重力均匀地分配到椅座和椅背上。

6）贴合身体：Pellicle 可以与身体轮廓自然贴合，将人体脊背和大腿后部的受重恰当分配到椅座和椅背上，最大限度减少受压点的不舒适感。

7）透气性：由于空气能够穿过 Pellicle 材料中的间隙，使用者可以享受到自始至终的舒适。

8）自然的倾仰：Kinemat 倾仰功能让身体沿脚踝、膝盖和臀部进行轴向运动，可以轻松改变坐姿。在大约30°角范围内倾仰时，人的上身重量可以从腰部转移到背部和宽阔的靠背上。前倾或后仰时，感觉仍跟正坐一样舒适自然。

2. 外观和材料

1）亲近融合的外观

古典和现代的双重影响塑造了其独有的亲和外观，有三种 Pellicle 织物可供选择，略带透明而具有反射本质的表面赋予其轻盈动感的品质，把中性的色调与轻快自然的现代环境融合到了一起。

2）材料的可回收性

Aeron 座椅主要由可回收的材料制作而成，经久耐用，而且最容易磨损的部件都可以轻松地完成更换和回收。

案例二：SAYL 座椅

1. 人体工学特点

1）无框椅背。

2）无框型的悬架椅背没有硬质包边，就座时可以随意活动。

3）不同程度的张力直接注入注模椅背的专用材料中，与关键连接处的"铰接点"相结合，一起支撑身体的骶骨、腰椎和脊柱部位。

2. 外观和材料

1）优雅的外观设计，使 SAYL 散发着视觉上的轻盈感和透明感。

2）"生态节材型"设计，93% 的可循环再利用材质。

3）采用中空结构化部件，减少重量和体积，从而减少材料使用和对环境的影响。

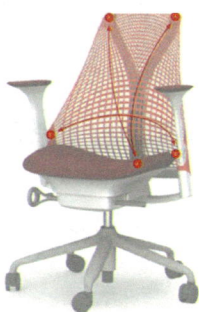

A   B
垂直的拉力提供   水平的拉力提供
独特的靠背支撑   智能的腰椎承托

Y-Towct™ 结构
卓越的结构力学
支撑无框架塑型背

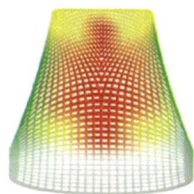

Passive Posturefit®
的专利不仅与骨盆及腰椎弧
度吻合，更带来良好的贴合

图 5-36　结构和材料

图 5-37　SAYL 座椅 a

图 5-38　SAYL 座椅 b

图 5-39　SAYL 座椅 c

三、任务实施

（一）讨论（分组进行）

1. 座椅设计的人体工程学基本原则。

2. 办公用椅的人体工程学设计尺度。

（二）市场调研

对目前一些座椅的人体工程学因素分析。

（三）课题设计

课题：座椅的人体工程学分析与设计

1）组织学生分析讨论座椅的人体工程学因素，确定设计要点。

2）测量相关数据。

3）绘制尺寸图和效果图。

4）作业评价。

四、任务小结

　　本节主要讲述了人体坐态生理特征，包括人体坐态的舒适与疲劳、人体坐态体压分布，座椅分类，人体工程学座椅设计细则，办公椅设计细则。让学生通过小组合作、讨论、调研等方式进行学习，培养学生善于发现问题、分析问题、解决问题的能力；培养学生科学严谨的设计观念和灵活的创新意识，并使学生在此基础上能够较好的完成应用设计课题。

第六章　人机界面的人体工程学设计

【学习任务】

1. 显示装置设计的人体工程学因素。

2. 显示装置设计原则。

3. 指针式显示装置设计。

4. 人体手足尺寸与手部关节活动范围。

5. 常用手动操纵装置设计。

6. 人机界面设计。

【任务目标】

1. 能够理论和实践相结合，进行显示装置的设计。

2. 能够理论和实践相结合，进行操纵装置的设计。

3. 学习硬件人机界面设计知识、软件人机界面设计知识并能进行人机界面初步设计。

【任务要求】

1. 理解显示装置和操纵装置设计的人体工程学因素。

2. 掌握显示装置的设计原则和指针式显示装置设计。

3. 掌握常用手动操纵装置设计。

4. 完成课题——键盘的人体工程学分析与设计。

5. 了解硬件人机界面设计知识、软件人机界面设计知识。

6. 完成调研报告——现有信息亭的设计与人机界面研究。

第一节　显示装置设计

一、基础知识的介绍

（一）显示装置

显示装置是人机系统中将机器的信息传递给人的一种关键部件，人们根据显示信息来了解和掌握机器的运行情况，从而控制和操纵机器。

按人接受信息的感觉通道不同，信息显示装置分为视觉显示、听觉显示和触觉显示。

1. 显示装置设计中的人体工程学因素

1）人接受信息的特性

操作者应能根据任何显示仪表显示的信息迅速准确地得出结论。所以，仪表设计应把人接受信息时的视觉特征作为必要的因素考虑。与仪表显示有关的视觉特性有下列几方面：

（1）人的视觉水平运动比垂直运动快，且眼睛沿垂直方向运动比沿水平方向运动容易引起疲劳。所以尽量采用水平式显示，效率高，差错率低。

（2）人们的视线习惯从左到右或从上到下运

图 6-1　波音 747 的驾驶舱

动，顺时针方向，所以各种形式的显示仪表和多个仪表的排列顺序，一般应遵循这一特点进行设计。

（3）在偏离视觉中心相同情况下，人眼对左上角的观察效率优于右上角，其次左下、右下。这是显示仪表面板合理布局的依据。

（4）人对视野最佳范围内的目标，认读迅速而准确；对视野有效范围内的目标，不易引起视觉疲劳。因此，重要的显示仪表应布置在最佳视野范围内，而视野最大范围内不应布置显示仪表，或只布置不经常认读的仪表。

（5）在特殊条件下，人的视觉特性会发生变化。如在过分摇晃或振动严重的情况下，人的视觉能力会受到损害，影响视觉显示信号的认读；又如在缺氧的条件下，人的视觉机能减弱。所以，在设计时要考虑环境对视觉机能的影响。

2）人的信息传递能力

一般情况下，同样的参数尽量采用同一种显示方式，而单位时间内显示的信息数量不得超过人的感觉通道传递信息能力的生理限度。在试验条件下，人的视觉通道信息的传递率一般在 3 ～ 10 比特 /s 之间，在经常性的操作中，人在单位时间内传递的信息量应在这个范围之内。人对信息的视觉反应随信息量增加而延长。

3）仪表显示与人的反应相协调

人的感觉与人的反应之间有适宜的关系。某些信号对某些反应方式有利，而某些信号则对某些反应方式不利。当对应与某种显示方式而采用某种反应方式最为合适时，这种对应关系称为显示——反应通道相协调。

对于一般仪表的显示，口头读数时的反应比手动动作时的反应（按开关）要快；对于不同空间位置的信号灯作定位反应，则手动作反应（按下对应位置的按钮）比口头报告方式要快；对于连续变化的信号作追踪反应（如汽车驾驶员）以采用操纵杆和足蹬等连续操作为最佳。

显示——反应通道协调性好的系统，其操作效率高，人为差错率低。如：显示仪表的指针运动方向与操纵器运动方向一致，可以减少人对信息加工的复杂处理。

4）作业环境因素

人的感官、运动器官和大脑思维的敏锐程度都会受到作业环境（温度、湿度、强光、噪声、振动等）的影响。因此，在设计和选择显示仪表时，应考虑显示信号的强度、形式、数值大小等，使其突出与其他视觉或听觉背景，以利于操作者正确理解、接受、判断及反应。

2. 仪表显示设计的基本原则

1）信息显示的形式应直观、形象、符合人的习惯。

仪表显示设计应以人接受信息的视觉特征为依据，以保证操作者迅速正确的获得需要的信息。显示精度应与人的视觉辨认特性和系统要求相适应。

2）显示信息数目应在人的判别和读识能力限度之内。

仪表显示信息的种类和数目不能过多，同样的参数应尽量采用同一种显示方式。显示的信息数量应限制在人的视觉通道容量所允许的范围内，使之处于最佳信息条件下。显示的格式应简单明了，显示的意义应明确易懂，以利于操作者迅速接受信息，正确理解和判断信息。

3）信息显示精度的选择应综合考虑空间、成本、人的辨识能力、人机系统布局等因素。

仪表的指针、刻度、标记、字符等与刻度盘之间，在形状、颜色、亮度等方面应保持对比关系，以使目标清晰可辨。一般目标应有确定的形状、较强的亮度和鲜明的颜色。相对于目标而言，背景亮度应低些，颜色应暗些。同时，也要考虑与其他感觉器官的配合。

4）仪表显示应与整个人机系统形成良好的匹配。

应与所使用环境形成良好的匹配，包括照明、色彩、温度、振动等。应综合考虑与其他显示装置、操纵装置之间的匹配，显示装置的编码应与相关操纵装置的编码一致，运动方向应相同。

（二）指针式显示装置设计

1. 仪表的刻度盘设计

1）刻度盘的形状

刻度盘的形状有开窗式、圆形（半圆形）、水平直线式、垂直直线式。

图 6-2　圆形刻度盘

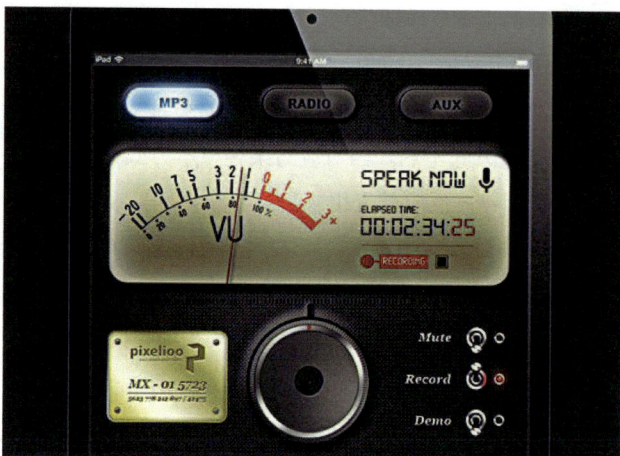

图 6-3　开窗式刻度盘

2）仪表刻度盘的大小

仪表刻度盘的大小对仪表的认读速度和准确性有很大影响。当刻度盘的直径在 25 ~ 35mm 时，认读效果随直径增大而提高；当刻度盘直径为 35 ~ 70mm 时，认读效果趋于稳定；当刻度盘直径超过 70mm 时，认读效果反而下降。直径小于 17.5mm 时，无错认读速度大为下降。过小的刻度盘刻度标记、数码等细小而密集，难以辨认，从而影响认读速度和准确性。过大，使人的眼睛的中心视力分散，扫描路径变长，视敏度降低，影响认读速度和准确性。实验证明，使观察者的视角为 2.5° ~ 5° 时的刻度盘直径最佳。

在空间受限制时，为了保证仪表具有良好的可读性，必须按刻度盘上的刻度标记的数量和观察距离来选择刻度盘的最小直径。

刻度盘直径与刻度标记数量和观察距离的关系（单位：mm）　表 6-1

刻度标记的数量	刻度盘的最小允许直径	
	观察距离为 500mm 时	观察距离为 900mm 时
38	25.4	25.4
50	25.4	32.5
70	25.4	45.5
100	36.4	64.3
150	54.4	98.0
200	72.8	120.6
300	109.0	196.0

2. 刻度和刻度线的设计

刻度盘上两个最小刻度标记（刻度线）间的距离和刻度标记统称为刻度。认读速度和认读准确性与刻度间距、刻度标记、刻度标数有关。

1）刻度间距

刻度间距与人眼睛的分辨能力和距离大小有关。仪表认读效率随刻度间距的增大而提高。在达到临界值后，认读效率下降。临界间距一般在视角为 10 分（弧度）附近。在视距为750mm 时，大约相当于刻度间距 1 ~ 2.5mm。所以，刻度间距最小尺寸一般在 1 ~ 2.5mm 之间选取。在观察时间很短（如 0.5 ~ 0.25s）的情况下，可选取 2.3 ~ 3.8mm 间距，而不宜过小。此外，刻度间距因刻度盘的材料不同也有差异。

2）刻度标记（刻度线）

每一刻度标记代表一定的读数单位。为便于认读和记忆，刻度标记一般分长、中、短标记三类，如图 6-5。各类刻度标记尺寸的设计应以短刻度标记为基准。短刻度标记的尺寸应根据人的视觉分辨能力、观察距离以及照明水平等因素确定。刻度标记的宽度以占刻度间距的1/5 ~ 1/20 为宜。

图 6-4　刻度盘刻度间距设计

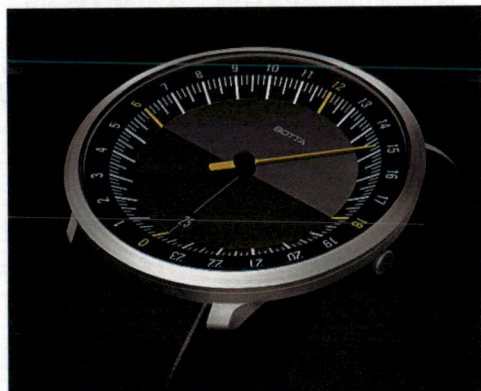

图 6-5　刻度盘刻度线设计

3）刻度方向

刻度方向是指刻度盘上刻度值的递增方向和认读方向。其设计必须遵循视觉运动规律，而形式可依刻度盘的不同而不同。

4）刻度单位

刻度单位是定量显示数值的表示方式，每一刻度值所代表的测量值为单位值。为了避免认读换算，单位值应尽量取整数，最好为 1、2、5 个单位值，或 1、2、5 的 $10n$ 倍个单位值，而不宜代表其他值，如图 6-6。

图 6-6　刻度盘刻度单位设计

5）刻度标数和数字立位

最小的刻度一般不标数，最大的刻度必须标数。数字的立位必须和指针相垂直，在任何情况下都应正对着操作者，以利于认读。指针在仪表内时，若仪表表面的空间足够大，则数字置于刻度的外侧，可避免被指针挡住。开窗式仪表的窗口大小应至少显示出被指示数字及其上下两侧的两个数，以便看清指示运动的方向和趋势。

刻度标数进级是指标尺上不同刻度标记指示的数值关系。一般以相邻的刻度标记所指示的数值差表示。当标尺上的长、中、短三类刻度都要标记时，各类刻度的标数进级系统应相互兼容。如长、中、短三类刻度分别用 0 10 20 30 40 和 0 5 10 15 20 以及 0 1 2 3 4 的标数进级系统。对同时使用的功能相同的多个仪表，刻度标数进级系统应一致。

3. 字符的设计

仪表中的数字、字母、汉字等统称为字符。

1）字符的形状

应该简明、易读、醒目，多用直角与尖角形，以突出各个字符的形状特征，汉字推荐用宋体或黑体印刷体。

2）字符的大小

字符应尽量大些，通常其高度约为视距的 1/200。字符的高度与宽度之比取 5 ∶ 3.5 = 0.7，这种比例在正常照度下易于认读。若在暗光下采用发光字符宜用 1 ∶ 1。字符笔划宽度与字高比一般为：1 ∶ 6 ~ 1 ∶ 8。

4. 指针的设计

指针是模拟式仪表的重要组成部分，它指示仪表所要显示的信息。因此，指针的设计是

一般用途的数码、字符大小与视距的关系　　　　　　　　表 6-2

视距／mm	字高／mm
小于 800	2.3
800 ~ 900	4.3
900 ~ 1800	8.6
1800 ~ 3600	17.3
3600 ~ 6000	28.7

不同照明条件和对比度下数码、字符的笔画宽　　　　　　表 6-3

照明与对比条件	字体	笔画宽：字高
低照度	粗	1:5
字母与背景的明度对比低	粗	1:5
明度对比值大于 1:12（白底黑字）	中粗—中	1:6 ~ 1:8
明度对比值大于 1:12（黑底白字）	中—细	1:8 ~ 1:10
黑色字母于发光的背景上	粗	1:5
发光字母于黑色的背景上	中—细	1:8 ~ 1:10
字母具有较高的明度	极细	1:12 ~ 1:20
视距较大而字母较小的情况下	粗—中粗	1:5 ~ 1:6

图 6-7　刻度盘字符设计 a

图 6-8　刻度盘字符设计 b

图 6-9　刻度盘字符设计 c

否符合人的视觉特性,将直接影响仪表的认读速度和准确度。指针可分为运动指针和固定指针,其要求是相同的。

1）指针的形状

指针的形状应该力求简洁、明快、不加任何装饰,具有明显的指示性形状。指针由针尖、针体和针尾三部分构成,一般以针尖尖、尾部平、中间等宽或狭长三角形为好。

2）指针的宽度与长度

指针的宽度设计,最重要的是确定针尖的宽度。一般来说,针尖的宽度应与刻度标记的宽度相对应,可与短刻度线等宽但不应大于两刻度线间的距离。指针不应接触刻度盘面,但要尽量贴近盘面。精度要求很高的仪表,其指针和刻度盘面应装配在同一平面内。针尾主要起平衡重量作用,其宽度由平衡要求而定。指针的长度应与刻度线间留有 1 ~ 2mm 的间隙为好,不可覆盖刻度标记。此外,指针设计应充分考虑造型美观的要求。

3）指针与刻度盘面的关系

由于刻度盘面和指针间有相对运动，它们之间的间隙要尽可能小，其指针表面应与刻度盘面处于相互靠近的平行面内，以免观察视线不垂直表盘时产生视觉误差。设计双指针时，上面的指针可稍长一些，且使指针尖部弯向刻度盘平面。

运动型仪表的刻度盘，其指针是不动的，为使指针鲜明醒目，将其设计成着色三角形。

4）仪表指针零点位置

大部分置于时钟12点上，追踪仪表有时置于9点位置。

图 6-10　指针设计 a   图 6-11　聚拢型指针设计   图 6-12　指针设计 b

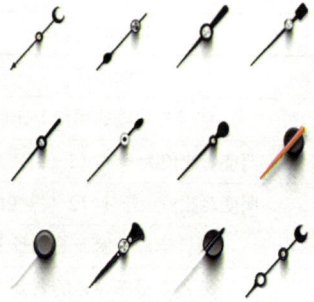

图 6-13　指针设计 c

5. 仪表的色彩设计

仪表的色彩设计是指刻度盘面、刻度标记、指针以及字符的颜色和它们之间颜色的匹配。它对仪表的认读、造型是否适用、美观有很大影响。

1）颜色的搭配

仪表是靠指针指示刻度和数字表示信息的，所以表盘面、刻度、指针和数字的颜色选择应使显示的信息认读清晰醒目而又不易引起疲劳为佳。因此，彼此之间应统一协调，其颜色的搭配须符合规律。图6-14是经科学测定的颜色搭配规律，其中最清晰的是黑与黄，最模糊的搭配是黑与蓝，其余的搭配介于两者之间。仪表的用色还应注意搭配醒目色，醒目色适用于作仪表警戒部分或危险信号部分的颜色，但不能大面积使用。

2）仪表的色彩设计

试验表明，墨绿色的刻度盘配以白色的刻度标记或淡黄色的刻度盘配以黑色的刻度标记，

图 6-14　仪表的色彩设计 a

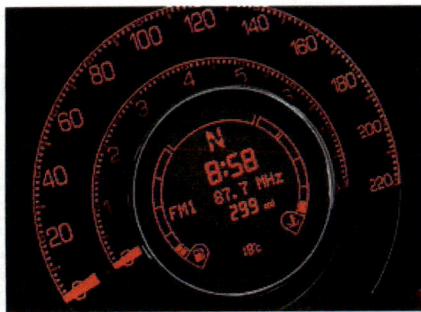

图 6-15　仪表的色彩设计 b

清晰的配色　　　　　　　　　　　　　　表 6-4

顺序	1	2	3	4	5	6	7	8	9	10
底色	黑	黄	黑	紫	紫	蓝	绿	白	黑	黄
被衬色	黄	黑	白	黄	白	白	白	黑	绿	蓝

模糊的配色　　　　　　　　　　　　　　表 6-5

顺序	1	2	3	4	5	6	7	8	9	10
底色	黄	白	红	红	黑	紫	灰	红	绿	黑
被衬色	白	黄	绿	蓝	紫	黑	绿	紫	红	蓝

误差率最小。指针的颜色应与刻度盘的颜色有鲜明的对比，而与刻度标记及字符的颜色尽可能保持一致。

在一般情况下，黑白两种颜色的明度对比最高，而且符合仪表习惯用色。在不需要暗适应的条件下，以亮底暗字为佳；当仪表在暗处，而观察者在明处，以暗底亮字为好。

二、案例分析

案例一：三星 0.25mm 超薄有机 EL 面板

韩国三星 SDI 开发出了厚度为 0.25mm 的超薄有机 EL 面板，0.25mm 是面板与偏光板加在一起的厚度。这是通过使用比照相胶片更薄的 $50\mu m$ 厚玻璃底板实现的。试制的超薄型有机 EL 面板的画面尺寸为 4 英寸，像素数为 480×272。由于厚度为 0.25mm，非常薄，因此可以弯曲。在展会上，就是以弯曲状态进行展示的。试制面板的规格为：1670 万色显示，色再现范围 NTSC 比 100%，亮度 $200cd/m^2$，对比度 1000∶1，寿命为 2 万小时。

图 6-16　三星 0.25mm 超薄有机 EL 面板图 a

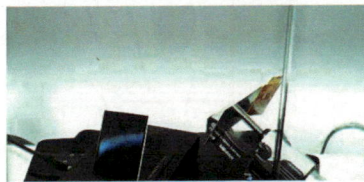

图 6-17　三星 0.25mm 超薄有机 EL 面板图 b

案例二：沃尔沃 S60 与宝马 325 仪表盘设计

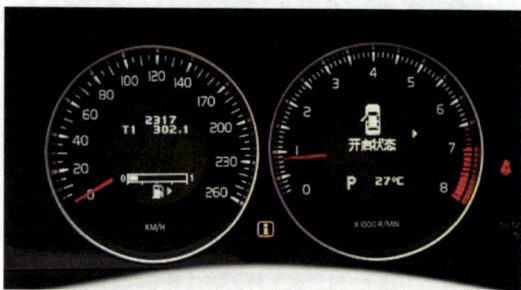

图 6-18　沃尔沃 S60 表针为半隐藏设计，
强调豪华感

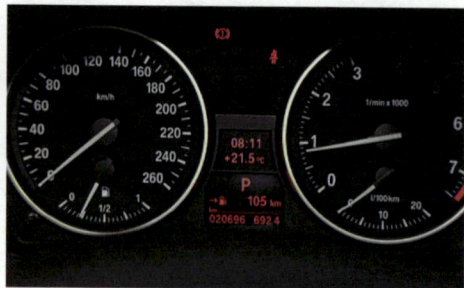

图 6-19　宝马 325 仪表盘采用双圆四表组合式
设计，表针、刻度整体可读性很高，归零后双表
针重合，很有层次感

三、任务实施

（一）讨论

1. 显示装置设计的人体工程学因素。

2. 显示装置设计的设计原则。

（二）市场调研

对目前市场上的手表表盘设计进行调研。

四、任务小结

本节主要讲述了显示装置设计的分类，显示装置设计的人体工程学因素，显示装置设计的设计原则和指针式显示装置设计。让学生在学习显示装置设计知识的基础上，能够从人体工程学的角度进行显示装置的初步设计。

第二节　操纵装置设计

一、基础知识的介绍

（一）人体手足尺寸与手部关节活动范围

1. 人体手足尺寸

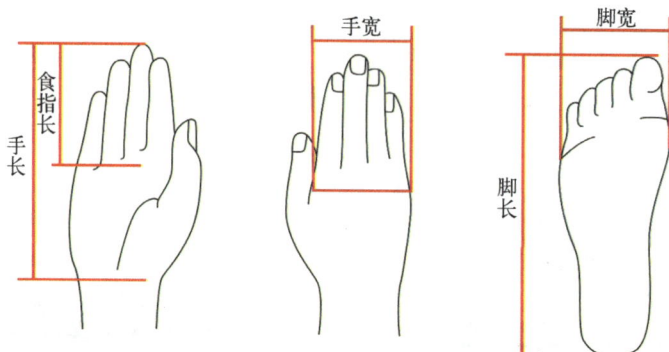

图 6-20　人体手足尺寸

人体手部尺寸（单位：mm）　　表 6-6

年龄分组	男（18～60岁）							女（18～55岁）						
百分位数 测量项目	1	5	10	50	90	95	99	1	5	10	50	90	95	99
手长	164	170	173	183	193	196	202	154	159	161	171	180	183	189
手宽	73	76	77	82	87	89	91	67	70	71	76	80	82	84
食指长	60	63	64	69	74	76	79	57	60	61	66	71	72	76
食指近位指关节宽	17	18	18	19	20	21	21	15	16	16	17	18	19	20
食指远位指关节宽	14	15	15	16	17	18	19	13	14	14	15	16	16	17

人体足部尺寸（单位：mm）　　表 6-7

年龄分组	男（18～60岁）							女（18～55岁）						
百分位数 测量项目	1	5	10	50	90	95	99	1	5	10	50	90	95	99
足长	223	230	234	247	260	264	272	208	213	217	229	241	244	251
足宽	86	88	90	96	102	103	107	78	81	83	88	93	95	98

2. 手部关节活动范围

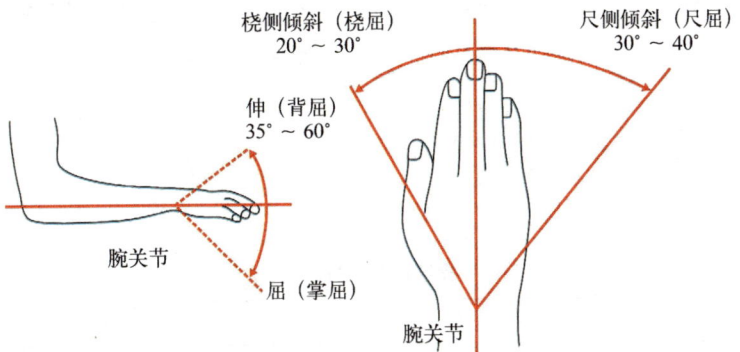

图 6-21　手腕关节的活动度

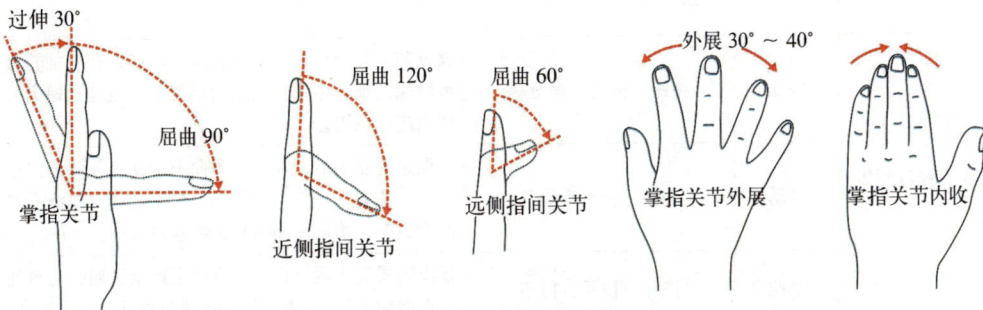

图 6-22　指关节的活动度

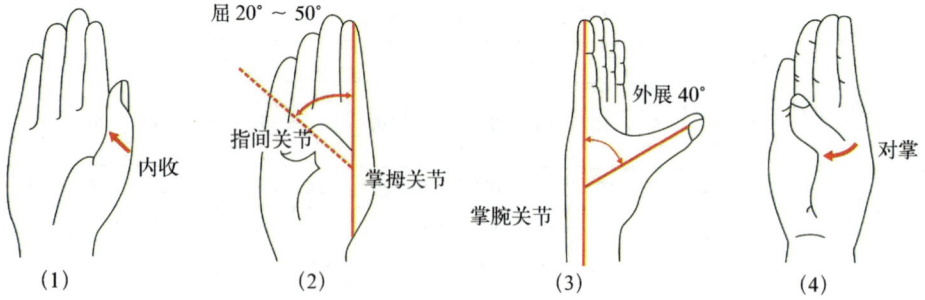

图 6-23　拇指关节的活动度

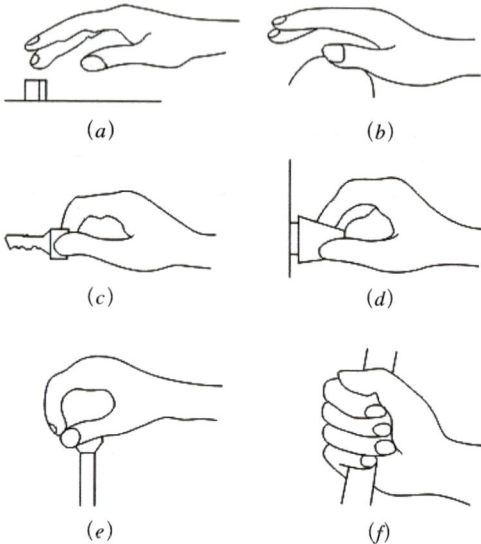

图 6-24　手操纵操纵装置的六种方式

（二）操纵装置的类型特征与选用

1. 操纵装置的分类

1）按操纵装置的身体部位的不同，操纵装置分为手动操纵装置和脚动操纵装置（图 6-24）。

2）按功能可分为：开关类、转换类、调节类、紧急开关类。

3）按操纵装置运动类别的不同，操纵装置又可分为旋转操纵装置、摆动操纵装置、按压操纵装置、滑动操纵装置和牵拉操纵装置。

操纵装置的分类　　　　　　　　　　　　表 6-8

基本类型	动作类别	举例	说明
旋转操纵装置	旋转	曲柄、手轮、旋钮、钥匙等	操纵装置可以做 360° 以下旋转。
近似平移操纵装置	摆动	开关杆、调节杆、拨动式开关、脚踏板等	操纵装置受力后，围绕旋转点或轴摆动，或者倾倒到一个或数个其他位置。通过反向调节可返回起始位置。
平移操纵装置	按压	按钮、按键、键盘等	操纵装置受力后，在一个方向上运动。在施加的力被解除之前，停留在被压的位置上。通过反弹力可回到起始位置。
	滑动	手闸、指拨滑块等	操纵装置受力后，在一个方向上运动，并停留在运动后的位置上，只有在相同方向上继续向前推或者改变方向，才可使操纵装置做返回运动。
	牵拉	拉环、拉手、拉钮	操纵装置受力后，在一个方向上运动，回弹力可使其返回起始位置，或者用手使其在相反方向上运动。

2. 特征

操纵装置的特征　　　　　　　　　　　　　　　　表 6-9

特征	离散调节					连续调节					
	旋转选择开关	拇指轮	手按钮	脚按钮	肘节开关	连续旋钮	拇指轮	手轮	曲柄	踏板	手柄
能形成大力	—	—	—	—	—	否	否	是	是	是	是
将操纵装置置位需要时间	中至快	—	非常快	快	非常快	—	—	—	—	—	—
推荐的控制位置数目	3 ~ 24	3 ~ 24	2	2	2 ~ 3	—	—	—	—	—	—
操纵装置的位置和操作的空间要求	中	小	小	大	小	小至中	小	大	中至大	大	中至大
偶发启动的可能性	低	低	中	高	中	中	高	高	中	中	高
控制运动的理想限度	270°	—	0.3cm × 3.8cm	1.3cm × 10.2cm	120°	无限	180°	±60°	无限	小	±45°
编码的有效性	好	差	中至好	差	中	好	差	中	中	差	好

3. 操纵装置的选用

1）常用控制器的使用功能和使用情况比较

根据操纵器的功能特点和使用操纵器的具体条件（如使用要求、使用环境、空间位置等），初步选择工作效率较高的几种形式。然后考虑经济因素进行筛选确定。

2）操纵装置的选择原则

（1）需要作出快速、精确的控制时，应选用手控操纵装置。手控装置应安排在肘、肩高度之间容易接触到的距离处，并易于看到。需要大的或持续的向前力、精度要求不高时，可选用脚控操纵装置，但每次同时采用的脚控操纵装置不宜多于两个，并且只能采用纵向用力或踝部弯曲运动进行操纵的脚控操纵装置。

常用控制器的使用功能　　　　　　　　　　　　　表 6-10

操纵器名称	使用功能					操纵器名称	使用功能				
	启动	不连续调节	定量调节	连续调节	输入数据		启动	不连续调节	定量调节	连续调节	输入数据
按　钮	○					踏　板				○	○
按钮开关	○	○				曲　柄				○	○
旋钮选择开关		○				手　轮				○	○
旋　钮		○	○	○		操纵杆				○	○
踏　钮	○					键　盘					○

常用控制器的使用情况比较　　　　　　　　　表 6-11

操纵器使用情况	按钮	旋钮	踏钮	旋转选择开关	扳钮开关	手摇把	操纵杆	手轮	脚踏板
开关控制	适合		适合		适合				
分级控制（3～24 个档位）				适合					
粗调节		适合					适合	适合	适合
细调节		适合							
快调节						适合	适合		
需要的空间	小	小－中	中－大	中	小	中－大	中－大	大	大
要求操纵力	小	小	小－中	小－中	小	小－中	小－中	大	大
编码的有效性	好	好	差	好	中	中	好	中	差
视觉辨别位置	可以	好	差	好	可以	差	好	可以	差
触觉辨别位置	差	可以	差	好	好	差	可以	可以	可以
一排类似操纵器的检查	差	好	差	好	差	好	差	差	差
一排类似操纵器的操纵	好	差	差	差	好	差	好	差	差
在组合式操纵器中的有效性	好	好	差	中	好	差	好	好	差

（2）操纵装置的操作运动与显示装置的显示运动在位置和方向上有关联的场合，适合采用线性运动或旋转运动的操纵装置。

（3）需要在整个操纵范围内进行精确操纵的场合，宜选用多圈转动的操纵装置。

（4）操纵杆、曲柄、手轮及脚操纵装置适用于费力、低精度和幅度大的操作。

（5）一切重要的或紧急情况下使用的操纵装置，应具有视觉和触觉双重形式编码。

（6）要求操纵装置具有高度防误操作或防偶发启动时，宜采用陷入面板的或需要比较复杂的操作方法才能操作的操纵装置。

（7）安装有多个操纵装置的场合，操纵装置之间应容易辨别。

各种不同工况下采用操纵装置建议　　　　　　　　　表 6-12

工作情况		建议使用的操纵装置
操纵力较小的情况	2 个分开的装置	按钮、踏钮、拨动开关、摇动开关
	4 个分开的装置	按钮、拨动开关、旋钮选择开关
	4～24 个分开的装置	同心多层旋钮、键盘、拨动开关、旋钮选择开关
	25 个以上个分开的装置	键盘
	小区域的连续装置	旋钮
	较大区域的连续装置	曲柄
操纵力较大的情况	2 个分开的装置	扳手、杠杆、大按钮、踏钮
	3～24 个分开的装置	扳手、杠杆
	小区域的连续装置	手轮、踏板、杠杆
	较大区域的连续装置	大曲柄

（三）手动操纵装置设计

1. 按压式操纵器

1）分类

（1）按钮：常见的按压式操纵器是按钮，其工作方式有单工位和双工位两种类型。

单工位：按下为接通，按压解除为断开（也可以是相反：按下为断开，解除按压后自动复位为接通）

双工位：按下后为接通，按压解除继续维持该状态，需要再按压一次才转换为另一种状态。

（2）按键：多个连续排列在一起使用的按钮称为按键，如图6-25和图6-26。

图6-25　手机按键　　　　　　　　　图6-26　计算机键盘按键

2）按钮、按键的人体工程学要素

（1）按钮按键的截面形状，通常为圆形或矩形；其尺寸大小，即圆截面的直径 d，或矩形截面的两个边长 $a \times b$，应与相关的人体操作部位（例如手指）的尺寸相适应。

其他主要人机学参量还有操纵力（按压力）和工作行程，见表6-13。

按钮、按键的3项人机学参数（GB/T 14775-1993）　　　　表6-13

操纵器及操作方式	基本尺寸／mm		操纵力／N	工作行程／mm
	直径 d（圆形）	边长 $a \times b$（矩形）		
按钮——用食指按压	3～5	10×5	1～8	＜2
	10	12×7		2～3
	12	18×8		3～5
	15	20×12		4～6
按钮——用拇指按压	18～30		8～35	3～8
按钮——用手掌按压	50		10～50	5～10

注：戴手套用食指操作的按钮最小直径为18mm

（2）按钮的颜色：专用于"停止"、"断电"的用红色；专用于"起动"、"通电"的优先用绿色，也可用白色、灰色或黑色；在按压中反复变换其功能状态的按钮，忌用红色和绿色，可用黑、白或灰色。

（3）若按钮的作用是完成两种工作状态的转换，某些使用条件下应附加显示当前状态的信号灯；若按钮可能处在较暗的环境下，宜提供指示按钮位置的光源。

（4）按钮的上表面，即手指接触的表面多为微凸的球面，操作手感好；按钮对所在面板凸起的高度因情况而不同，有需要凸起的，有和面板平齐的，有的情况下为了避免无触动，也可略凹入面板以下，这是因为按钮操作都有视觉配合。

（5）按键则与按钮有所不同，按键需排在一起使用，如计算机键盘上的按键还必须适应"盲打"要求，人们凭触觉而不再是依赖视觉进行操作，因此按键有不少与按钮不同的造型特点，如表面凸起有一定高度；相邻两个按键的间距不能太小等。

（6）确定产品上的按钮如何安置，还应该分析操作时的手形。产品上用拇指操作的按钮，因安置的位置和按压方向的不同，操作的便利与否，会有较大的差别。

2. 旋钮设计

旋钮通常都是用单手操纵。按其使用功能可分为：多级连续旋转按钮（控制范围超过360°）、间隔旋转按钮（控制范围不过360°）、定位指示按钮（旋钮的操纵受定位控制）等三类。前两类用于传递一般信息，第三类用于传递重要的信息。

设计旋钮时，通常利用形状和触觉肌理等方面的差异来提高识别性。

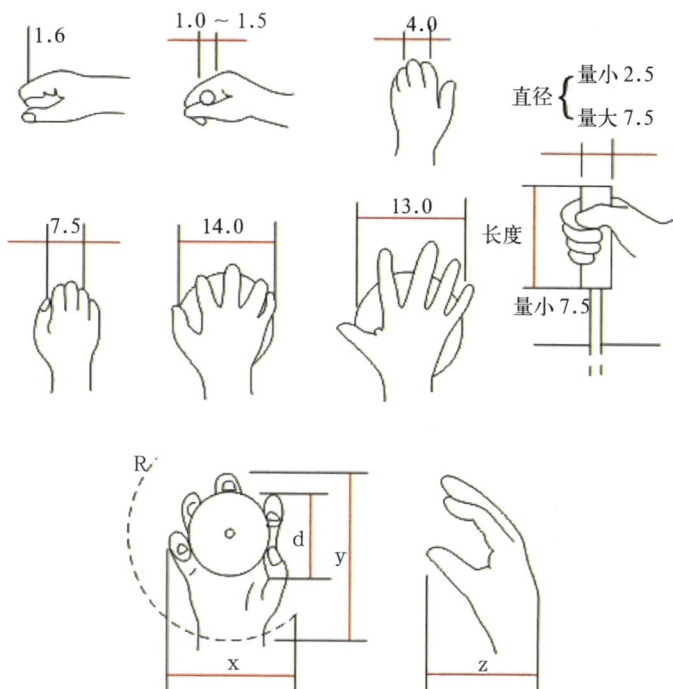

旋钮设计考虑的各个尺寸

图 6-27　旋钮设计考虑的各个尺寸（单位：cm）

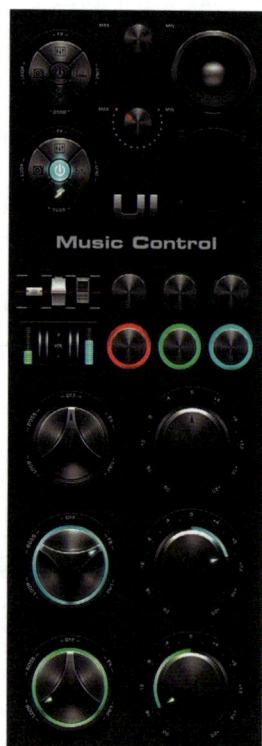

图 6-28　旋钮设计 a

图 6-29 旋钮设计 b

图 6-30 旋钮设计 c

图 6-31 旋钮设计 d

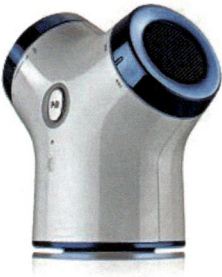

图 6-32 旋钮设计 e

图 6-33 旋钮设计 f

图 6-34 旋钮设计 g

图 6-35 音量调节旋钮设计

图 6-36 麦博 MD332 苹果音响

（四）脚动操纵装置设计

1. 脚动操纵装置概述

常见脚动操纵器有脚踏板和脚踏钮。

脚动操纵器在下列两种情况下使用：一是操纵工作量大，只用手动操作不足以完成操纵任务；二是操纵力比较大，例如操纵力超过50N，且需连续操作，或虽为间歇操作但操纵力更大的情况。

2. 脚动操纵装置设计的人体工程学原则

1）脚动操纵装置的设计应充分考虑脚的使用部位、使用条件和用力大小，同时还要考虑踝关节的生理能力。

2）凡脚动操纵器均宜采用坐姿操作，只有当操纵力小于50N或特殊需要时才采用立姿。

3）对于操纵力大、速度快和准确性高的操作，宜用右脚；对于操作频繁、容易疲劳、不是很重要的操作，应考虑两脚交替进行操作。

4）如操作者需要左右脚轮替操作，或在站立位置稍有移动的情况下也能操作，可采用杠杆式的脚踏开关。为了避免误触动，这种脚踏杠杆距地面的高度和对安置立面的伸出距离均以不超过150mm为宜，且踩踏到底时应与地面相抵。

5）操作脚动操纵装置时，需适当施力，在坐姿操作情况下，当脚蹬用力小于227N时，踝部弯曲角度以107°为宜；当脚蹬用力大于227N时，踝部弯曲角度以130°为宜。

6）踏板开关的面积要大，不用眼睛看也容易操作。像冲压机、剪床之类需要集中精神双

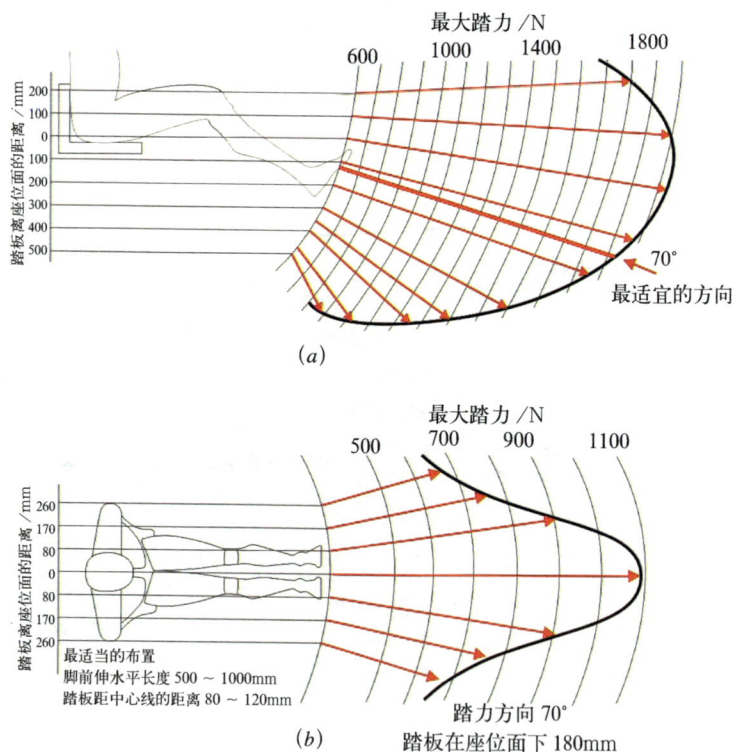

图6-37　坐姿的脚蹬力

手工作的条件下更为适用。这种踏板的操作转角不宜超过 10°，因为立姿下抬起一只脚来操作时，操作者只由另一只脚支撑身体，不太稳定，操作角度过大是不安全的。

7）脚踏钮的基本形式与手动按钮类似，但尺寸、行程、操纵力均应大于手动按钮，为避免踩踏时的滑脱，脚踏钮的表面宜加垫一层防滑材料，或在表面做有能防踩滑的齿纹。

8）为避免在不经意中的误碰触发，脚踏板应有一定的启动阻力，此阻力应该超过脚休息时脚踏板的承受力。

二、案例分析

案例一：人体工程学键盘设计分析

1. 计算机键盘设计中的人体工程学因素

人体工程学的键盘设计应是能提高作业效率、防止电脑职业病产生，纠正操作者作业姿势的设计。

（1）减薄键盘本身厚度和在键盘前增加手部的支撑。

目前操作键盘，手腕放在台面上，由于键盘的键面高于工作台面，必然要让腕部上翘，时间一长会引起腕关节疼痛；而悬腕或悬肘的操作虽然较为灵活，但由于手部缺乏支撑，手臂或肩背的肌肉不得不保持紧张，故不能持久，也易疲劳。因此，键盘自台面至中间一行键的高度应尽量降低，键盘前沿厚度超过 50mm 就会引起腕部过分上翘，从而加重手部负荷，此厚度最好保持在 30mm 左右，必要时可加掌垫。

（2）腕托的材料最好采用较为柔软的材料。

在腕部有 2 ~ 3cm 长的腕部通道，丰富的血管、肌腱和神经都要从腕部通道穿过，坚硬的支撑物与手腕的压迫和摩擦以及手腕在敲击键盘时的频繁动作容易导致手腕神经损伤从而产生腕部通道症候群以及肌腱炎等病症。

图 6-38 Kinesis Advantage Pro 键盘
它从中间分开在中间部向下倾斜，这样手放在键盘上操作的时候就自然形成一种下垂姿势，长期使用的话对手腕的伤害要比传统的键盘小很多。

图 6-39 腕托的应用

（3）左右分离式键盘解决两手距离偏近问题。

当双手放置在基准键位时，食指间距约为 45mm，与自然姿态相比，容易导致前臂内旋、两肘两肩内收、屈前臂肌紧张，短时间内就可造成肩颈部酸痛。手最自然的姿势为上臂从肩关节自然下垂，与前臂之间夹角为 70° ～ 90°，以保证作业时是肘关节受力，而不是上臂肌肉受力；还应保持手和前臂呈一直线，腕部向上不得超过 20°，腕外展不超过 15°，双手向内相向交叉成 60° ～ 70°，两手掌间距约 100 ～ 280mm。

使用分离键盘且键盘与水平面成 20° 夹角时，有助于减少肌张力，避免了手腕的屈伸以及手的桡偏和尺偏，同时大拇指的动作不再是按压动作，而是侧向的划拨动作，大大提高了大拇指的动作效率。另外，分离式键盘应该做成可调式的。

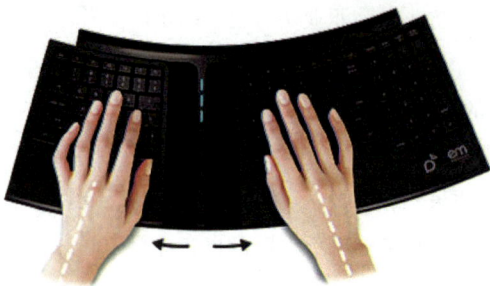

图 6-40　人体工程学智能键盘
这款智能键盘不仅采用了符合人机工程学的八字式起伏键盘设计，还在键盘内部加装了运动感应系统。这套系统能够自动收集并学习用户的打字习惯，并根据分析对键盘的位置做出适当微调，让你可以在打字时获得最舒适的感受，有效减少伤害。

图 6-41　abKey 设计的人体工程学键盘

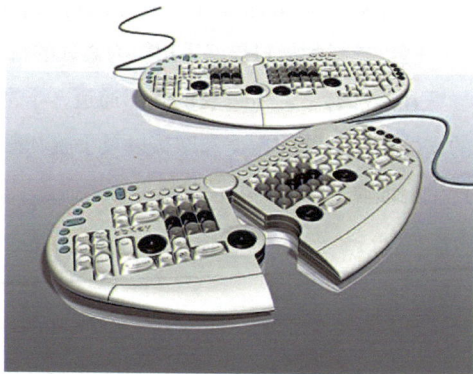

图 6-42　米乔 Goldtouch02 分体式独角兽有线键盘

2. 计算机键盘上的按键还必须适应"盲打"要求

1）人们凭触觉而不再是依赖视觉进行操作，表面凸起有一定高度。

2）相邻两个按键的间距不能太小，盲打中容易把两个按键同时按下去。

3）为了有利于盲打时手指的稳定定位，按键的上表面应该作成微凹的形状。

4）计算机键盘上的"F"、"J"两个字符键上还各有一个"－"形凸起标记，供盲打者左右手区分定位。

3. 键盘的设计应考虑人手指按压键盘的力度、回弹时间及使用频度、手指移动距离等因素

图 6-43　TECK 键盘 a

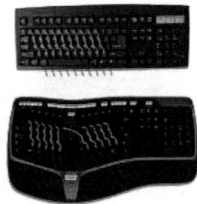

图 6-44　TECK 键盘 b

按键布局打破传统的横向延伸，更加纵向，有效降低了双手左右移动的幅度；一部分功能按键位于中央位置，将字母按键分为左右两个区域，使两手的输入距离更加分散，使整个身体的受力更加平均。

三、任务实施

（一）讨论

1. 操纵装置的人机工程学因素包括哪些方面？

2. 如何看待计算机键盘使用中左右手的分工不合理问题，并提出解决方案。

（二）市场调研

1. 对目前市场上的人体工程学键盘进行调研。

2. 详细分析评价某一款人体工程学键盘。

（三）课题设计

键盘的人体工程学分析与设计。

1）收集资料，分析现有键盘的设计。

2）提出符合人体工程学的设计方案。

3）完成效果图与设计说明。

四、任务小结

主要讲解了人体手足尺寸与手部关节活动范围，操纵装置的类型与特征，常用手动操纵装置设计和脚动操纵装置设计知识。让学生通过师生交流、讨论分析、调研方式进行学习，培养学生的综合运用操纵装置设计的理论知识来解决实际问题的能力，在此基础上能够较好地完成应用设计课题。

第三节　硬件、软件人机界面设计

一、基础知识的介绍

（一）硬件人机界面设计

硬件人机系统是目前人体工程学应用最为广泛的领域之一。作为与人沟通的直接窗口，硬件人机界面设计不仅在操作上要求人性化，在造型的视觉传达中也要求给人以艺术的美感，在产品的人机界面中，必须体现出这种功能与审美的统一。

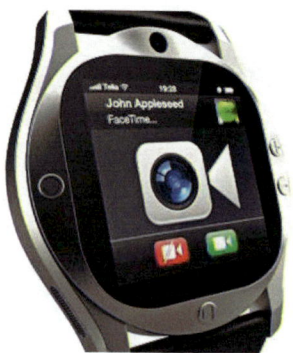

图 6-45　苹果智能手表界面设计

图 6-46　IBM 电子报纸

图 6-47　飞利浦 Saeco 全自动咖啡机人机界面

图 6-48　海信博纳智能冰箱人机界面
智能冰箱门体嵌入了全球首款个人智能电视 I'TV，并借助云后台实现了冰箱内食品保鲜管理、物联网服务、健康管理等功能，可以自动提示食品新鲜程度、可根据用户的体质提供科学的营养搭配、食物禁忌等饮食建议。

图 6-49　展会查询机人机界面

图 6-50 演讲台的人机界面

图 6-51 成都信息亭人机界面

图 6-52 数字北京信息亭人机界面

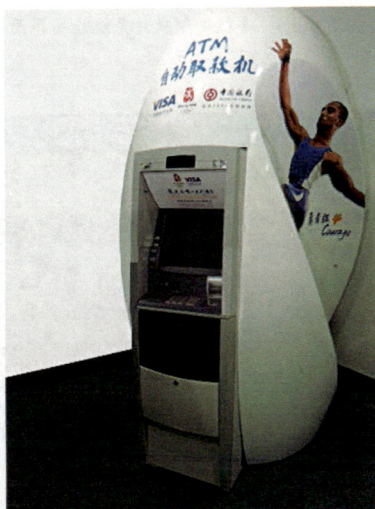
图 6-53 北京奥运村自动取款机人机界面

图 6-54 盆底生物刺激
反馈仪

将采集到的盆底肌表面肌电信
号转化成动画、游戏等多媒体
信号，当患者在进行某一个游
戏、观看某段视频时已经完成
了康复训练。

（二）软件人机界面设计

软件人机界面是人——计算机交互的接口，处理人和计算机之间的信息传递问题。建立良好的软件人机界面，可以实现人——计算机的高效对话。

1. 人——计算机对话界面的设计原则

1）用户原则

要针对不同用户特点预测他们对不同界面的反应，本着"以人为本的原则"。

2）信息最小量原则

人机界面设计要尽量减少用户记忆负担，采用有助于记忆的设计方案。

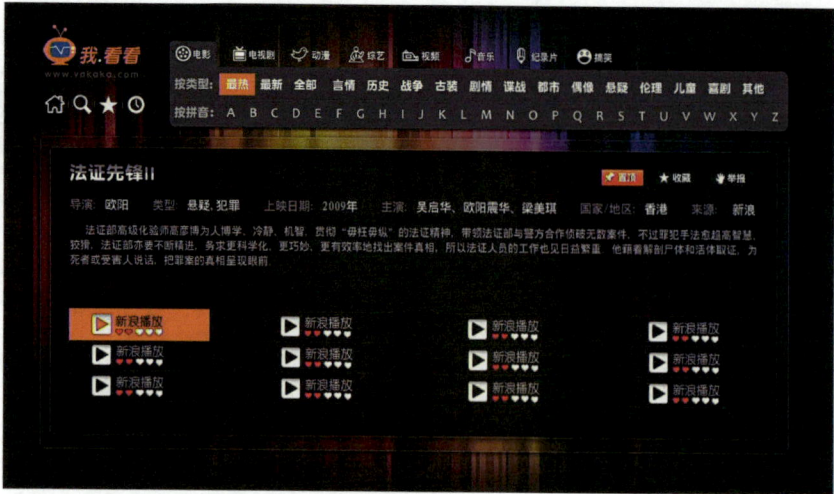

图 6-55　平板电脑软件系统应用界面设计

图 6-56　游戏界面设计

3）帮助和提示原则

系统要设计有恢复出错现场的能力，在系统内部处理工作要有提示，尽量把主动权让给用户。

4）媒体最佳组合原则

人机界面的成功并不在于仅向用户提供丰富的媒体，而应在相关理论指导下，注意处理好各种媒体间的关系，恰当选用。

图 6-57　阿拉订系统概念设计

图 6-58　韩国网页设计

2. 软件界面的形式

1）菜单界面设计

任何一个应用程序，都需要通过各种命令来达成某项功能，而这些命令，大多数是通过程序的菜单来实现的，菜单界面是用户与图形系统信息交流的一种媒介。主要包括：屏幕布局、菜单样式、光标样式、对话框。

2）网页界面设计

3）产品中的软件界面设计

随着信息电子产品的发展，手机、智能家电、电子仪器以及多媒体产品等越来越要求具有良好的人机界面。UI 设计成为工业设计的重要内容。

图 6-59　酷派 N930 手机的日历和天气等
界面可以实现模拟翻页效果

图 6-60　手机人机界面设计

二、任务实施

（一）讨论

1. 如何看待现有家用电器的人机界面设计。

2. 汽车的人机界面研究与比较。

（二）市场调研

考察现有信息亭设计与人机界面研究。

（三）课题设计

信息亭设计。

1）收集资料，分析现有信息亭设计。

2）信息亭的人机界面研究。

3）效果图与设计说明。

三、任务小结

本节主要讲述了硬件、软件人机界面设计，结合理论讲解，让学生通过小组合作、讨论、调研、师生交流方式进行学习，提高学生的调查分析能力。在此基础上能够较好地完成应用设计课题。

第七章 人体工程学与产品设计

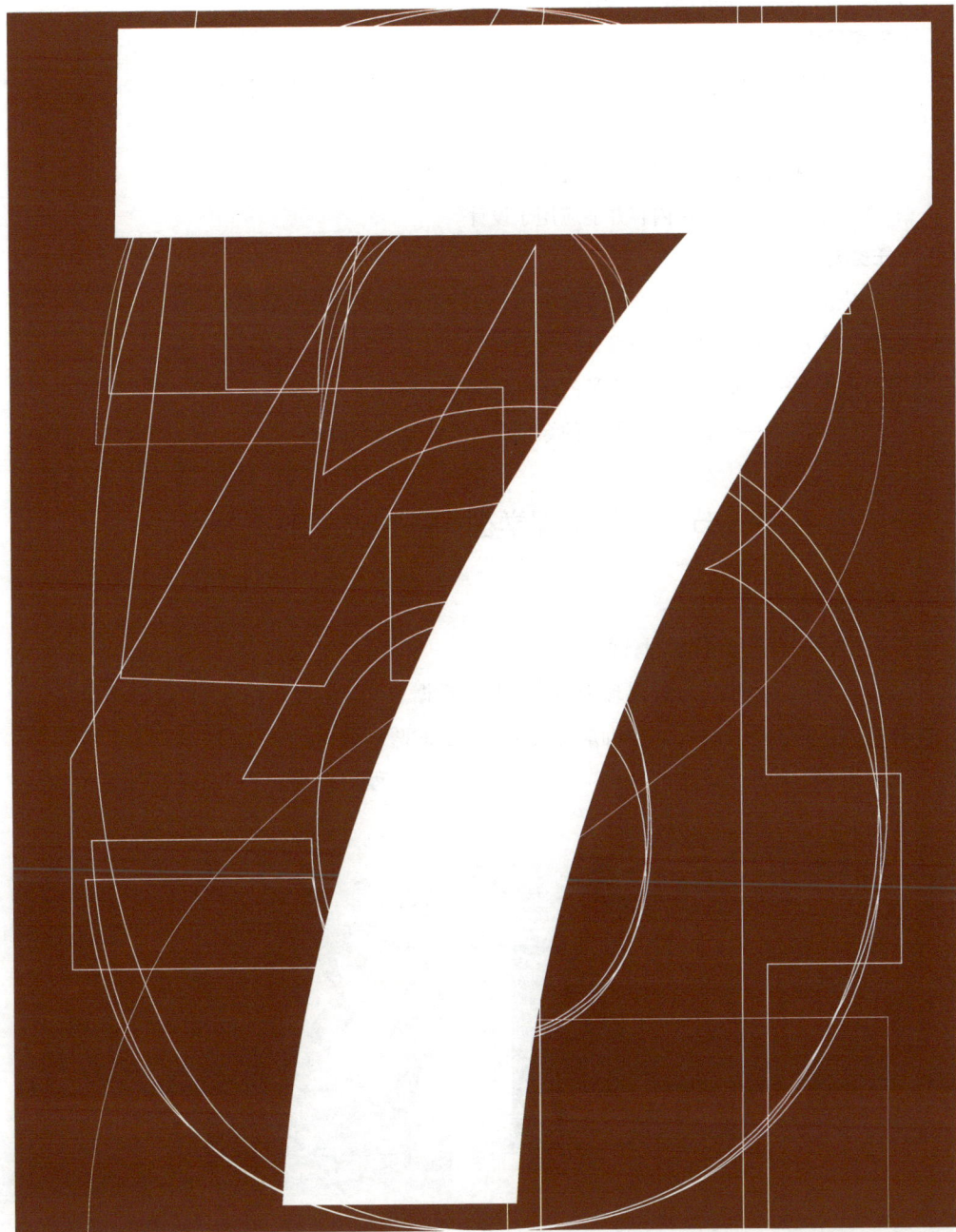

【学习任务】

1. 人体工程学在产品设计中的重要性。

2. 人性化设计的概念、特征。

3. 无障碍设计。

4. 老年人产品设计。

5. 情感设计。

6. 绿色设计的概念、起源、特征、发展趋势。

7. 基于人体工程学的绿色产品设计实例。

【任务目标】

1. 学习人体工程学在产品设计中的重要性，并能从人体工程学角度全面分析与评价现有产品设计。

2. 学习人性化设计的主要内容并能应用于设计。

3. 学习绿色设计的主要内容并能应用于设计。

【任务要求】

1. 完成调研报告——现有产品设计中的人体工程学因素分析与评价。

2. 通过本章学习和对国内外设计资料的查阅，作卫生间的无障碍设计分析。

3. 完成课题——基于人体工程学的无障碍洗手池设计。

4. 完成课题——基于人体工程学的绿色设计（生活用品设计）。

第一节　人体工程学在产品设计中的重要性

一、基础知识的介绍

（一）人体工程学与产品设计的关系

人体工程学为产品设计提供理论指导和科学数据。人体工程学对产品设计的指导意义最终体现在人机系统的设计，人和机是构成人机系统的两个组成部分，在掌握人体主要尺寸的基础上，根据各种作业的不同特点，对产品进行人体工程学设计，使产品最大限度地满足操

图 7-1　书架躺椅

图 7-2　Richard Clarkson 设计的成人摇篮椅

作的舒适性、方便性和安全性。同时，亦不能忽略对操作环境的考虑，如照明环境、温湿环境、噪声环境等。如此，才能创造出舒适高效的人——机——环境系统，从而提高工作效率。

（二）人体工程学在产品设计中的作用

1. 为产品设计中考虑"人的因素"提供人体尺度（结构尺度、人体生理尺度和人的心理尺度）参数

应用人体生理学、心理学等学科的研究方法，提供人体各部分的尺寸以及人体各部分在活动时相互关系和可及范围等人体结构特征参数；提供人体各部分的发力范围、活动范围、动作速度、频率、重心变化以及动作时惯性等动态参数；分析人的视觉、听觉、触觉、嗅觉、振动觉以及肢体感觉器官的机能特征；分析人在劳动时的生理变化、能量消耗、疲劳程度以及对各种劳动负荷的适应能力；探讨人在工作中影响心理状态的因素及心理因素对工作效率的影响等。

2. 为产品设计中"物"的功能合理性提供科学依据

现代产品设计中，利用人体工程学的原理和规律如何解决"产品"与人相关的各种功能的最优化，创造出与人的生理和心理机能相协调的"产品"，这将是当今产品设计中，在功能问题上的新课题。

3. 为设计中考虑"环境因素"提供设计准则

通过研究人体对环境中各种物理因素的反应和适应能力，分析声、光、热、振动等环境因素对人的心理、生理以及工作效率的影响，确定人在生产和生活中所处的各种环境的舒适范围和安全限度，保证人体的健康、安全、舒适和高效，为产品设计的"环境因素"提供人体工学的设计方法和设计准则。

二、案例分析

案例：钢·木系列家具

图 7-3　师晶作品——钢·木系列家具 a

图 7-4　钢·木系列家具 b

1. 设计说明

钢·木系列家具，主要传达一种年轻、时尚、个性出众、现代简约的气质，来满足家具市场逐渐年轻化的趋势。钢·木所传递的低调的质朴、高调的时尚是对美好生活的理解和追求，是现代人极力向往的。

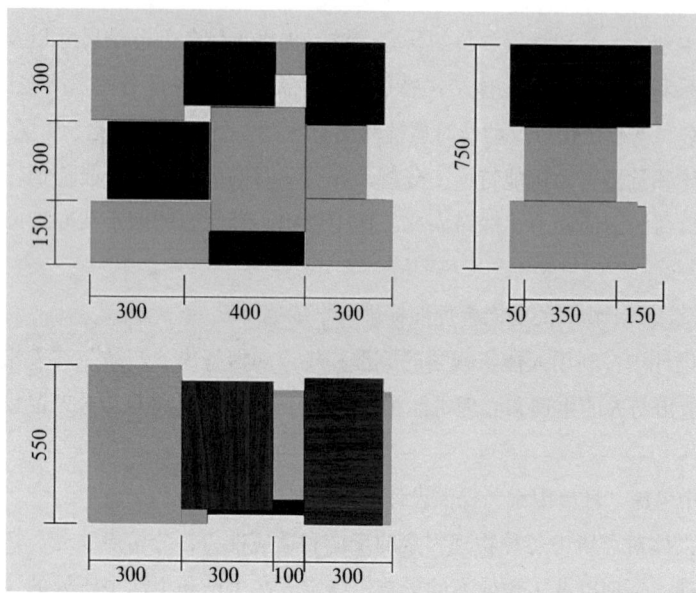

图 7-5　钢·木系列家具三视尺寸图 a（单位：mm）

2. 作品评价

钢·木系列家具，符合人体工程学设计，用天然材质所表达出的质朴美感和现代材质所表达出的个性与张扬完美结合，具有较强烈的视觉冲击。

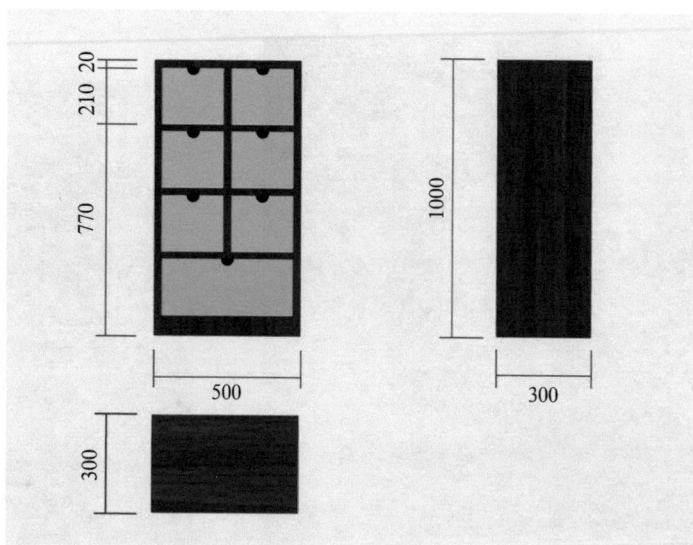

图 7-6　钢·木系列家具三视尺寸图 b（单位：mm）

三、任务实施

讨论（分组进行）

1. 分析与评价现有产品设计中的人体工程学因素。

2. 组织学生进行调研——生活中符合与不符合人体工程学的产品设计调研。

3. 组织学生分组讨论，并进行交流分析。

4. 完成调研报告——现有产品设计中的人体工程学因素分析。

四、任务小结

本节主要讲述了人体工程学与产品设计的关系，人体工程学在产品设计中的重要性。使学生学会从人机工程学的基本原则和方法出发，发现现实中存在的人机问题，并能创造性地提出解决方案。

第二节　人性化设计

一、基础知识的介绍

美国设计家普罗斯说：人们总以为设计有三维，美学、技术和经济，然而更重要的是第四维——"人性"。

人性化设计的基础是人体工程学的出现和发展。人性化产品设计，从研究人生理的人体工程学开始，广泛涉及心理学、社会学和人类学等相关领域。

图7-7　Claus Jensen、Henrik Holbaek 设计的 Smile 果盘，有两层可以储存垃圾果壳用。在北欧地区最大的家居用品展 Formland 上获北欧家居大奖

图7-8　人和宠物亲密接触的多功能椅子

（一）人性化设计的概念

在设计的过程中始终以人作为设计的出发点，即"以人为本"。不但要满足设计的宜人性、方便操作性和安全性，同时还要满足人的情感需求，使人在与产品的交互过程中产生更高层次的精神、情感交流。甚至通过产品的使用，帮助使用者建立自我价值和自我认同的信念。

（二）人性化设计的特征

1. 人性化和个性化的统一

在现代经济高速发展的今天，人们的需要也更加个性化，人们已不再满足于产品的功能需求，而是注重个人喜好，追求时尚和展现个性的心理，消费者的需求呈多样化，单调的设计风格难以维系不同层次的商品需求，产品设计由以"人的共性为本"向"人的个性为本"转化。个性化设计已成为设计师关注的目标之一。这在产品上也逐渐得到体现：如图7-9与图7-10。共性设计逐渐淡化，个性设计得到重视，这也正是"以人为本"设计理念的真正体现（图7-11~图7-13）。

2. 人性化和人文精神的统一

随着社会的不断发展，尤其是在目前竞争激烈的信息化时代，人的生活节奏不断加快，工作变得更加繁忙和紧张，人们不仅需要丰富多彩的物质享受，而且需要温馨体贴的精神抚慰，例如，人们渴望与之相伴的办公和家居用品更具有人情味，能缓解身心的疲惫和放松自己，

图7-9　花瓣形状的Bloom吊灯a

图7-10　花瓣形状的Bloom吊灯b
美国设计团队Ampersand设计的花瓣形状的Bloom吊灯，可以使使用者按照个人喜好调节"花瓣"的开放程度。

图7-11　骨感美的桌子

图7-12　带书架的躺椅

图7-13　09米兰设计周期间展出了由Patricia Urquiola设计的三款户外家具，主题是"编织"，将传统与个性化的概念相融合，极具个性化

这就使"以人为本"的设计上升到对人的精神关怀。夏普公司设计的液晶显示器冰箱，可以记录30种食品的保质期、在食品到期的前一天提醒用户，其配制的录音装置还可人在离家前给家人留言，还能通知主人更换冰室用水，体贴入微的设计让用户备感人性的温暖。这也正是"以人为本"设计理念的肯定与完善。

3. 人性化和生态环境的融合

随着人口的飞速增长，人类对资源肆无忌惮的掠夺，人类赖以生存的环境遭受前所未有的破坏。人们开始意识到发展与环境、设计与环境的重要性，环保意识和可持续发展在全球成为共识。在设计领域开始树立以保护人类生存环境为中心的设计理念，这就要求设计师有强烈的道德责任感和社会责任感。著名的设计师和设计理论家维克多·佩帕尼克曾经说过"世界上有比工业设计更危险的工作，但不多"。很难想象，一个没有道德责任感和社会责任感的设计师的作品在生活中被广为应用所产生的后果。因为设计不当的工业产品可能具有潜在的危险，包括对人体的损害、对环境的污染及对资源的浪费等（图7-14）。

4. 人性化对社会弱势群体的关注

设计的人性化也使设计师更加关注社会中的弱势群体：残疾人、老人、妇女以及儿童。设计师只有用心去关注人、关注人性，才能以饱含人道主义精神的设计去打动人。

图7-14　口香糖垃圾桶

这是为口香糖设计的一款垃圾桶，它的体积很小，并不像其他垃圾桶那样摆在地面上，而是挂在竖立的杆子上的，适合大多数人的高度，这样可以很轻松地将吃完的口香糖放在里面。这还是一款环保设计模式，可以不浪费更多的材料，因为收集回来的口香糖可以直接制作新的垃圾桶，所以无须废物处理。

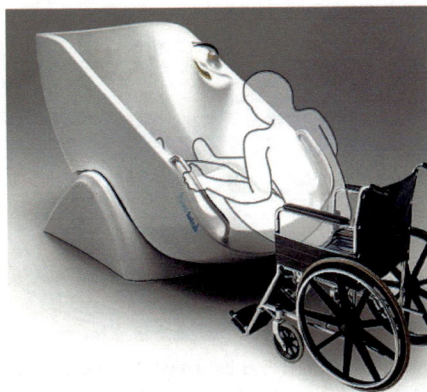

图7-15　残疾人浴缸

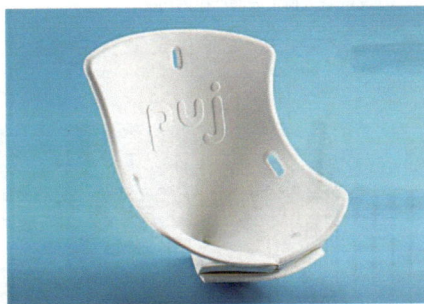

图7-16　婴儿洗澡盆 a

这个安全、柔软的简易浴盆可以直接放置在盥洗盆上，避免了把baby 放到浴盆里，弯着腰给 baby 洗澡的腰酸背痛。该简易浴盆采用安全材料制作，低过敏性，不含 BPA（双酚 A），可以展平收纳，在小浴室或是出门旅行时亦可方便使用。

图7-17　婴儿洗澡盆 b

图 7-18 鹿角插座 a

图 7-19 鹿角插座 b

由日本 Nendo 设计公司出品的鹿角插座可爱至极，但鹿角不仅仅是为了美观，实用性极强，它能够正好拖住各式的充电设备，而采用的聚氨酯橡胶材料坚实耐用且质地舒适，杜绝了小朋友或是人撞上去而产生的伤害。

图 7-20 "不用锁的自行车"

英国大学生 Kevin Scott 设计出了世界上第一款可以弯曲的自行车，被称为是"不用锁的自行车"。这种新式自行车拥有一个可以锁定的棘轮系统制作成的车架，当打开锁定系统时整台车子可以从中间卷曲并包覆在不同的柱子上。当展开时又可以像正常自行车一样进行工作，大大方便了人们的生活。

（三）产品的人性化设计

产品都是为人设计的，在产品设计的过程中，任何观念的形成均需以人为基本出发点。因此说，人性化是产品设计的首要设计理念。

（四）无障碍设计

无障碍设计这个概念名称始见于 1974 年，是联合国组织提出的设计新主张。无障碍设计强调在科学技术高度发展的现代社会，一切有关人类衣食住行的公共空间环境以及各类建筑设施、设备的规划设计，都必须充分考虑具有不同程度生理伤残缺陷者和正常活动能力衰退者的使用需求，配备能够满足这些需求的服务功能与装置，营造一个充满爱与关怀、切实保障人类安全，方便、舒适的现代生活环境。

无障碍设计关注重视残疾人、老年人的特殊需求，但它并非只是专为残疾人、老年人群体的设计。它着力于开发人类"通用"的产品——能够满足所有使用者需求的产品。

1. 国际通用的无障碍设计标准

1）在一切公共建筑的入口处设置取代台阶的坡道，其坡度应不大于 1/12。

2）在盲人经常出入处设置盲道，在十字路口设置利于辨向的音响设施。

3）门的净空廊宽度要在 0.8m 以上，采用旋转门的需另设残疾人入口。

4）所有建筑物走廊的净空宽度应在 1.3m 以上。

5）公厕应设有带扶手的坐式便器，门隔断应做成外开式或推拉式，以保证内部空间便于轮椅进入。

6）电梯的入口净宽均应在 0.8m 以上。

2. 残疾人产品设计

对于盲人来说，上下楼梯对他们来说更加"危险"。图 7-21 中这款楼梯特意在扶手上安装了金属铭牌，上面印有盲文导

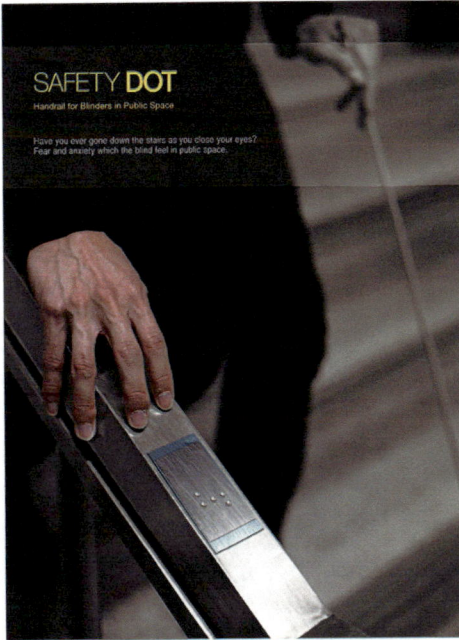

图 7-21 方便盲人使用的楼梯扶手设计

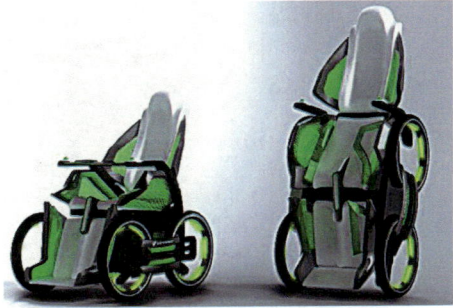

图 7-23 DEKA iBot 轮椅设计 a

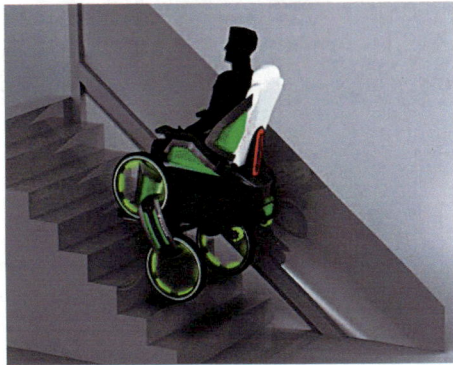

图 7-24 DEKA iBot 轮椅设计 b

图 7-25 DEKA iBot 轮椅设计 c

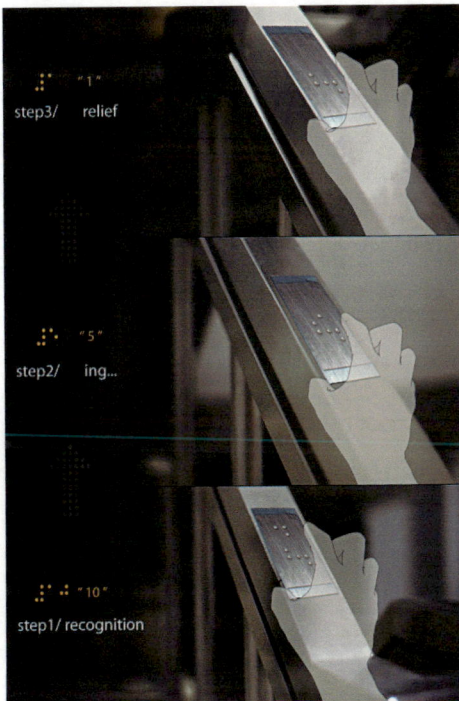

图 7-22 楼梯扶手上的盲文导引

图 7-26 DEKA iBot 轮椅设计 d

设计师 David Bulfin 设计的性能极强的 DEKA iBot 轮椅。这种新式轮椅尽其最大努力为用户提供了方便、舒适。高科技的集成系统能够良好地感知外界环境，通过 GPS 导航等最新产品的加入更是为用户奉上了一款完美的产品。

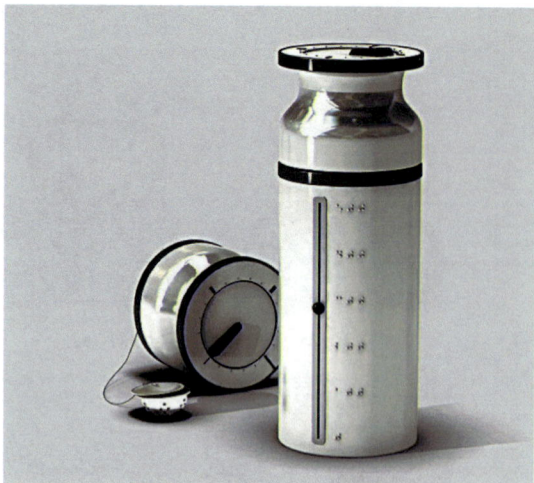

图 7-27　盲人茶具 a

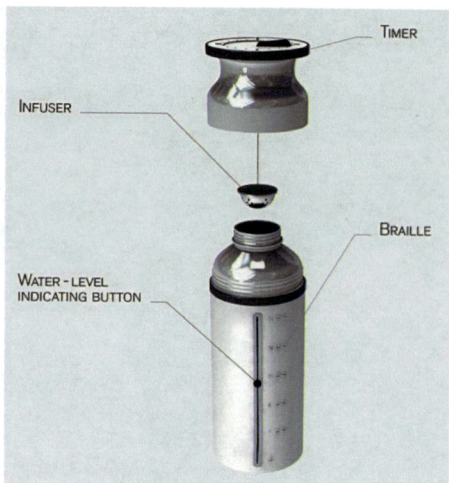

图 7-28　盲人茶具 b

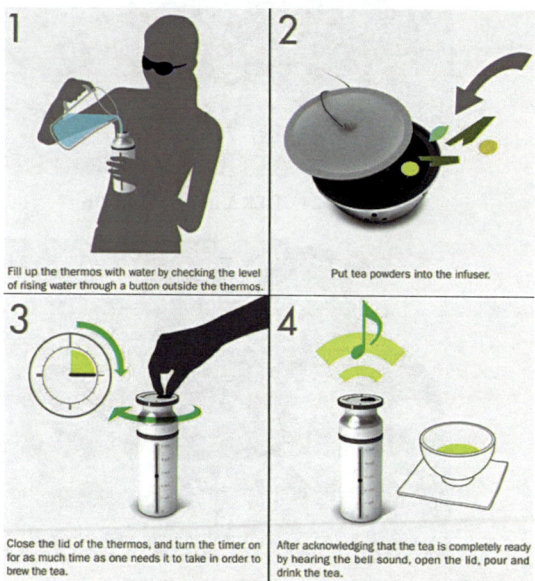

图 7-29　盲人茶具 c

茶具由计时器茶壶盖、茶叶装填滤网、茶壶三个部分组成。茶壶上配有盲文刻度，加注热水的时候，盲人朋友可以结合刻度清晰地了解浮标变动的高度，从而确定用水量；接着，装填茶叶，将茶叶滤网盖子盖好，防止茶叶混入泡好的茶水当中，方便清洗；最后，只要根据茶壶盖上的盲文刻度，旋转选择相应的冲泡时间，再将盖子盖好，稍等片刻，等到计时器发出提示音，一壶茶就泡好了。

图 7-30　北京奥运村无障碍卫生间

图 7-31　日本第一印象机场无障碍卫生间

引，标明楼梯的位置和重要信息，如：开始上楼梯、处在楼梯中间、再踏一步就到平台等，十分人性化。

3. 人体工程学在老年产品开发设计中的运用

我国人口老龄化的发展正在对全社会提出前所未有的挑战，未来几十年的增长势头在世界上也将名列前茅。与人口老化的速度相比，老年产品的发展还远远滞后，主要体现在现有的老年人用品单调、品种稀少、多以保健和医疗产品为主，针对老年人设计的娱乐、旅游、文化教育、通信、交通、园艺、公共设施等产品更是少之又少。

人体工程学在老年产品开发设计中的运用原则：

1）老年人体的变化与产品设计定位

由于老年人生理的变化，在产品设计中，对产品的功能、尺寸等都会有新的要求。如老年人的手部力量下降了16% ~ 40%，臂力下降50%，肺活量下降了35%等。例如，老年人使用的桌子高度应比年轻人的桌子略低一点，为72 ~ 75cm较合适。

2）老年人产品设计的安全性

由于老年人的机体反应能力、控制能力等都有所下降，因此，老年用品还要防止操作时产生意外伤害，错用时发生危险。除了要提高产品使用安全性，还要积极采用绿色、环保材料，满足老年人对产品的安全性要求。

3）老年人产品设计的方便性与舒适性

由于老年人身体机能的下降，以及身体反应能力的降低，所以对于为老年人设计的产品就更应符合老年人的生理、生活特点。例如，老年人对手机功能的几大要求：字体大、屏幕大、听筒音量大、按键大而清晰、待机时间长，一键紧急呼叫等功能。

4）老年人产品设计要关注老年人的心理特点

老年人在情感上渴望被关爱和平等，容易产生孤独、失落、恐惧、抑郁的心理特点，并且多疑、敏感、固执，有时候还有些偏激，较为容易情绪化，适应周围变化的能力降低。因此，产品设计更应关注老年人心理需求，使设计应该更有包容性、兼容性。

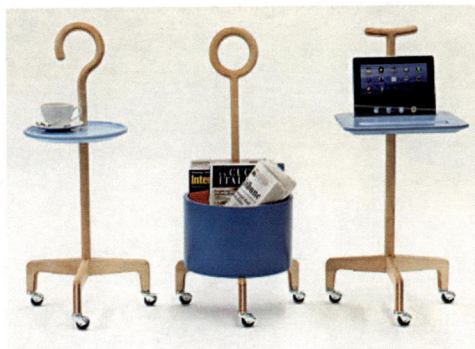

图7-32　"老有所依"的老年人辅助用具
不同于以往辅助医疗设施及工具的冰冷感，这款辅助用具更增添了一份装饰和居家的气息。

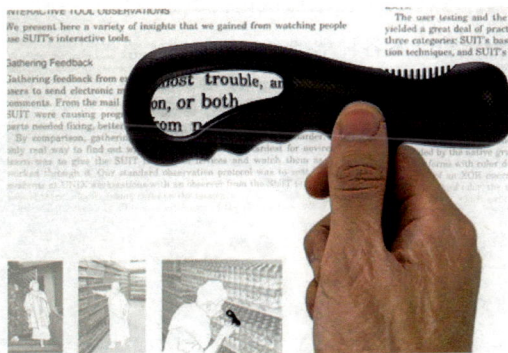

图7-33　放大镜拐杖

图 7-34　Prof Zhu Zhongyan & Zhou Jingwen
设计的"助起"马桶

随着年龄的增长和体质的衰退，即便是蹲下、起立等小事都会让老人感觉到双腿备受折磨。这款"助起"马桶装有一个靠液体提供能量的坐便圈，每当需要站起的时候就会自动提供一定的助起动力，从而让老年人更加轻松地站起来。

图 7-35　关爱老年人出行而设计的小鸟扶手

这是为老年人打造的一款扶手辅助器，老年人可以扶着借力上楼，同时把手中的购物袋挂在其上，使老年人可以不再为上楼下楼感到吃力，同时又增加老人上楼的安全性

（五）情感化设计

　　情感化设计是人性化设计的一个重要方面，好的产品设计会产生积极的情感体验，比如：怀旧、幸福、信任、满足、兴奋……情感化产品设计即是一种着眼于人的内心情感需求和精神需要的设计理念，最终创造出令人快乐和感动的产品，使人获得内心愉悦的审美体验，让生活充满乐趣和感动，如图 7-36。可以说，如果我们的设计不能给我们带来快乐、兴奋、惊喜等多样性的情感，我们的设计从某种意义上讲就是无意义的。

　　马斯洛的需求层次论提示了设计的实质，人类对产品的需要由简单实用功能性的需要上升至蕴含着各种精神文化等情感因素的需要。

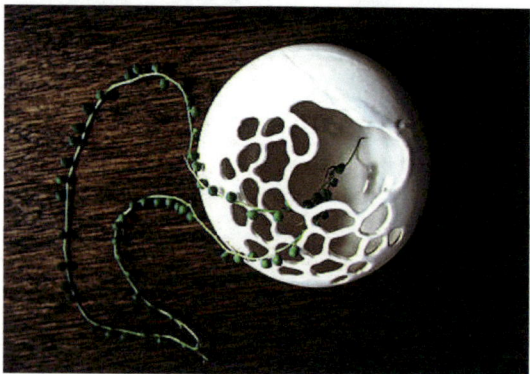

图 7-36　Emogayu 设计的花瓶

Emogayu 捕捉火山熔岩在流动瞬间，纯手工制作，纯白的花瓶上分布着不规则的小孔，植物从小孔中生长，真是极富诗情画意的过程。Emogayu 希望购买她产品的人都不会仅仅是对待一件"物品"那么简单，而是能通过物品寄托某种情感。

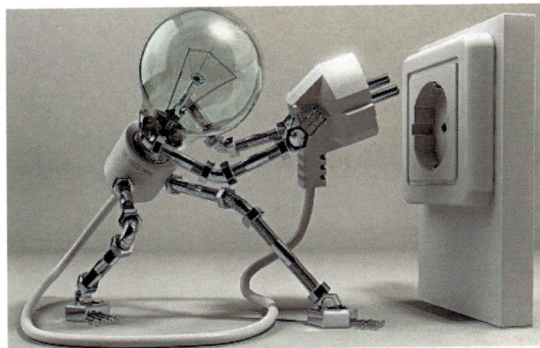

图 7-37 趣味灯具设计

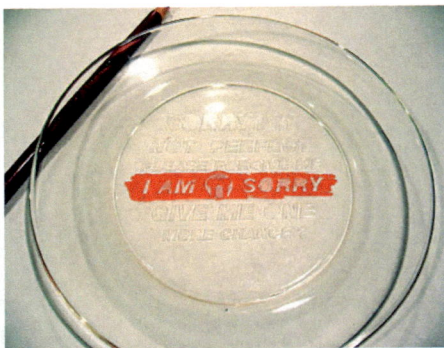

图 7-38 会说话的盘子（I'm a talking plate）
由泰国设计师 Surasek Yutthiwat 设计的会说话的盘子，盘子底刻着各种日常用语或图标，用配套的笔将之周围涂红就能代替你说出想说的话来了，有多种主题可选，包括爱情、办公室、加油打气和致歉，每一种盘子底部刻的话都不一样。

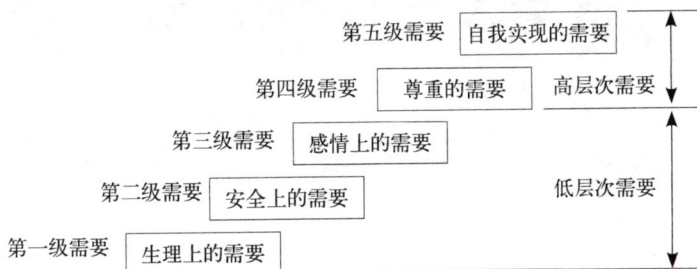

图 7-39 马斯洛的需求层次论图示

唐纳德·A·诺曼教授在《情感化设计》一书中把设计和设计的目标（即用户最终是如何享用一项设计的）明确划分为三个层次，分别为：本能层、行为层、反思层。

所谓本能层，就是能给人带来感官刺激。比如说一台电脑，外形时尚，颜色漂亮，一眼看上去感觉赏心悦目。这是设计的本能层次在起作用。

而行为层次，是指用户必须学习掌握技能，并使用技能去解决问题，并从这个动态过程中获得成就感和愉快感。还用电脑做例子，用户在拥有这个电脑后，要逐渐地去了解它的主要功能和熟悉它的基本操作。如果这个电脑的人机结构设计非常的合理，操作舒适方便，那么用户就能从这个过程中获得满足感和快乐感。这就是设计的行为层在起作用。

而最高的层次，是反思层。这个层次实际上指的是由于前两个层次的作用，而在用户心中产生的更深度的情感、意识、理解，与个人经历、文化背景等种种交织在一起所造成的影响。反思层对现代产品的设计有非常重要的意义，它有助于建立起产品和用户之间的长期纽带，有利于提高产品的品牌忠诚度。

日本设计师 kota nezu 带来了一把时钟遮阳伞，它的上面从左到右标有 6、9、12、3、6 的数字，并划分区域，对应早上 6 点到晚上 6 点，根据太阳照在伞上的位置即可估算时间。伞把上面还带有一个指南针，方便寻找方向。

图 7-40　时钟遮阳伞 a

图 7-41　时钟遮阳伞 b

图 7-42　Keer 椅子 a

图 7-43　Keer 椅子 b

图 7-44　Keer 椅子 c

荷兰设计师 Reinier de Jong 采用聚乙烯作为材料的 Keer 椅子可以呈现三种不同的形态供人们使用，更具趣味性。

二、案例分析

案例一：磁吸托盘

即便托盘倾斜
碗和盘子也不会移动位置

图 7-45　设计师 Ryan Jongwoo Cho 设计的磁吸托盘

For Safe Carry...

图 7-46　磁吸托盘设计原理示意图 a

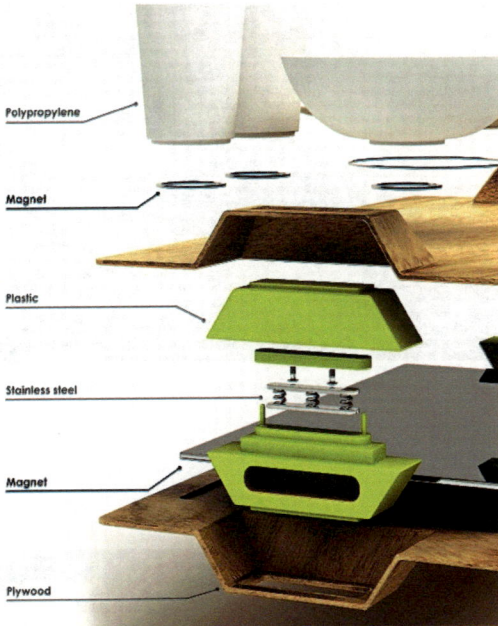

图 7-47 磁吸托盘设计原理示意图 b

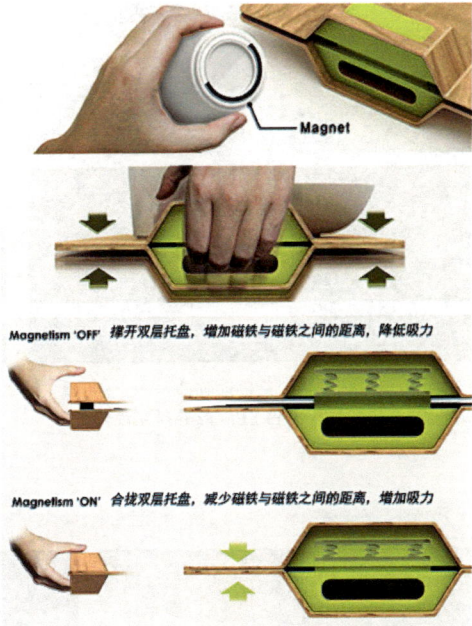

图 7-48 磁吸托盘使用示意图

1. 设计说明

很多饭店的服务员都会用托盘来装碗筷、杯子和餐盘，但这样如果人多的话，人来人往，稍不注意就可能手一歪就摔掉餐盘……

将普通的托盘变成了双层结构，并在底层增加了一层磁铁，而碗和盘子下面也有一圈磁铁，两边保持相吸的状态，这样，拿着托盘穿梭的时候，这些磁力会提供一个基本的稳定力，减少意外的发生，而在抵达目标餐桌的时候，撑开托盘的两层，让磁铁和盘子上的磁圈距离增加，从而降低吸力，方便取用。

2. 作品评价

很好地解决了托盘倾斜时，盘上物体滑落的问题；设计原理并不复杂，餐盘经测试可以倾斜 20°。

案例二："摇一摇"室内 LED 灯具研究设计

1. 灵感来源

儿时的不倒翁带给我们快乐，夜晚陪伴我们的台灯变成儿时的不倒翁，看那一晃一晃的灯，心情是不是也开始闪烁出点点微亮的光芒。

2. 设计说明

具有上下两个光源，可以调节亮度，更加人性化，不再局限于单一使用模式，既可以作为台灯也可以作为地灯使用，让居室从"亮"起来到"靓"起来的情趣化设计。

图 7-49   范荣荣作品——
"摇一摇"室内 LED 灯具研究设计

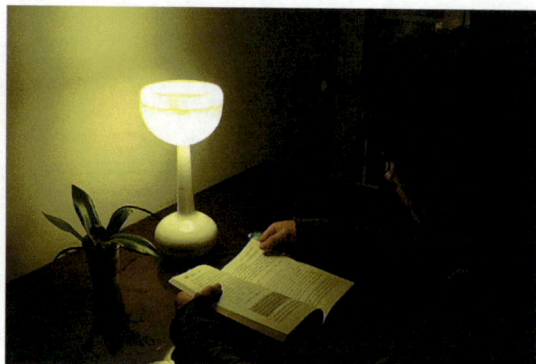

图 7-50   "摇一摇"室内 LED 灯具台灯照明效果

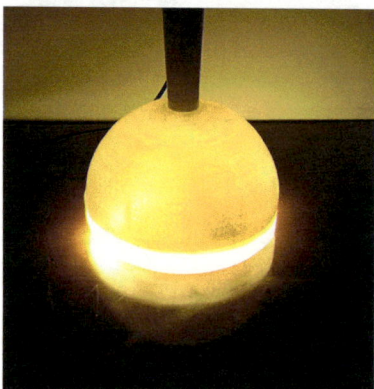

图 7-51   "摇一摇"室内 LED 灯具地
灯照明效果

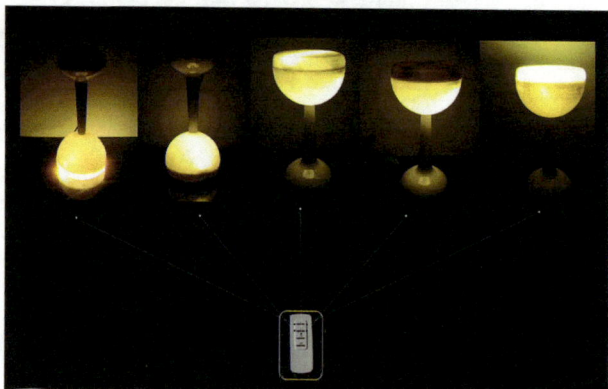

图 7-52   "摇一摇"室内 LED 灯具台、地灯多重照明效果

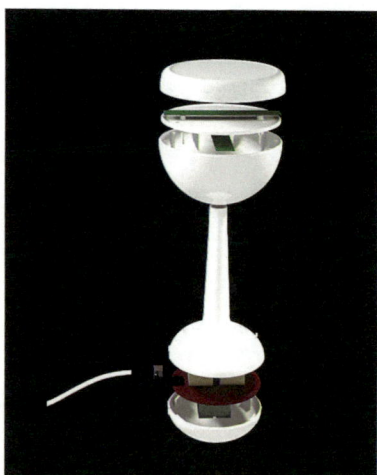

图 7-53   "摇一摇"室内 LED 灯具结构图

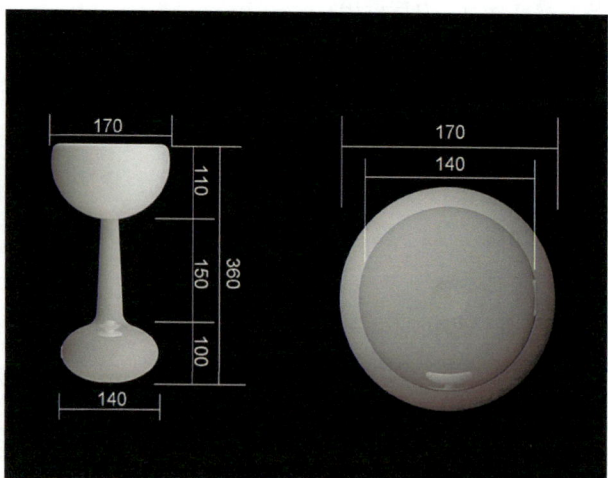

图 7-54   "摇一摇"室内 LED 灯具尺寸设计（单位：mm）

3. 作品评价

设计巧妙，轻轻地推动，就像不倒翁那样可在平面上摇晃，是一种简单的乐趣，但更重要的是给了人们生活的无限情趣和快乐，具有浓郁的"人情味"。

三、任务实施

（一）讨论（分组进行）

1. 分析讨论人体工程学的人性化体现。

2. 公共场所的无障碍设计分析。

3. 组织学生对公共场所中无障碍设计进行调研，并分组讨论，交流分析。

（二）课题——基于人体工程学的无障碍洗手池设计

1. 要求学生进行资料收集，分组讨论，进行国内外同类产品比较分析。

2. 组织学生进行实际测量，制定符合人体工程学的基本数据参数及主要技术性能指标。

3. 要求学生绘制无障碍洗手池尺寸图和效果图。

四、任务小结

本节主要讲述了人性化设计的概念、特征，产品的人性化设计和无障碍设计。通过调研，加强学生的调查研究能力；通过用直观性强的图片欣赏和案例分析相结合的方式，激发学生学习的兴趣；开阔学生眼界；并通过具体的任务实施，锻炼学生的动手实践能力。

第三节 绿色设计

一、基础知识的介绍

（一）绿色设计的概念

绿色设计（Green Design）也称生态设计（Ecological Design）。在产品整个生命周期内，着重考虑产品环境属性（可拆卸性、可回收性、可维护性、可重复利用性等）并将其作为设计目标，在满足环境目标要求的同时，保证产品应有的功能、使用寿命、质量等要求。绿色设计的原则被公认为"3R"的原则，即 Reduce，Reuse，Recycle，减少环境污染、减小能源消耗，产品和零部件的回收、再生、循环或者重新利用。

（二）绿色设计的起源

绿色设计思想最早的提出是在 20 世纪 60 年代，美国设计理论家威克多·巴巴纳克（Victor Papanek）在他出版的《为真实世界而设计》（Design for the real world）中，强调设计应该认真考虑有限的地球资源的使用，为保护地球的环境而服务。之后，随着科技的发展以及人类物质文明和精神文明的不断提高，人类意识到生存的环境日益恶化，可利用的资源日趋枯竭，经济的进一步发展受到了严重制约，这些问题直接影响到人类文明的繁衍，从而提出了可持续发展的战略。20 世纪 80 年代末，首先在美国掀起了"绿色消费"浪潮，继而席卷了全世界。绿色设计在 20 世纪 90 年代成为现代设计技术研究的热点问题。

图 7-55　Jody Leach 设计的紧凑组合桌椅 a

图 7-56　Jody Leach 设计的紧凑组合桌椅 b

（三）绿色设计的特征

1. 安全性

设计不能危及使用者的人身安全以及正常的生态秩序，这是"绿色设计"的前提。材料的使用要充分考虑到对人的安全性。

2. 节能性

未来的设计应以减少用料或使用可再生的材料为基础，这也是"绿色设计"的一个原则。图 7-57~ 图 7-63 中的设计就很好的诠释了节能环保的概念。

3. 生态性

"绿色设计"应努力避免因设计不当和选材的失误而造成的环境污染与公害。"绿色设计"应提倡使用自然环境下易降解的材料和易于回收的材料。生态设计也就是利用生态学的思想，在产品生命周期内优先考虑产品的环境属性。除了考虑产品的性能、质量和成本外，还要考虑产品的更新换代对环境产生的影响。如图 7-64~ 图 7-69。

这个结合了洗手池和马桶的一体式马桶由米兰的设计师 Gabriele 和 OscarBuratti 联合打造，洗手池的水可以直接流下来冲厕所，让水多用上一次，起到节水的作用。当然，除了环保的意义，本身它的设计也非常可爱，它还可以搭配一个小平台，看书用电脑也会很方便。

图 7-57　Roca（乐家）的环保洗手池和马桶设计

图 7-58　太阳能折叠式便携炊具 a

图 7-59　太阳能折叠式便携炊具 b

图 7-60　竹子自行车 a

图 7-61　竹子自行车 b

墨西哥设计师 Diego Cárdenas 这款以环保为出发点的设计，用竹子来替换自行车中的部分钢部件，以达到降低售价、减轻重量和节能减排的目的。

图 7-62　低碳环保的 soft rocker 太阳能木质摇椅 a

图 7-63　低碳环保的 soft rocker 太阳能木质摇椅 b

Soft Rocker 是麻省理工学院建筑系学生在希拉·肯尼迪（Sheila Kennedy）教授的帮助下，开发的一款现代太阳能木质户外躺椅。它采用舒适软木制作而成，整体造型符合人体工程学。更重要的是设计师从节能环保概念出发在该产品顶部设计了太阳能电池板，白天吸收的电量将储存到特制电池当中，该产品还设计有 USB 连接口，为休闲者的移动设备提供电量，内部的 LED 灯带设计，方便夜晚散步的人在上面休息聊天，还可以躺在上面娱乐乘凉，没人时也是一道靓丽的装饰灯带。

图 7-64　FlexibleLove

（可伸缩的情人椅）这种环保的设计理念来自于台湾设计师邱启审，为了减少产品对环境的影响，FlexibleLove 完全采用以工业用回收纸及碎木屑压成的木板为材料，并使用现有且成熟的制程来加工，同时不含对环境有害的添加物。不但材质上环保，连空间都很环保，FlexibleLove 使用的是类似手风琴状的蜂巢结构，可以压缩成一个人坐或者拉伸开来 16 个人一起坐。

图 7-65　Frank Gehry 的瓦楞纸椅子

Frank Gehry 利用了人们普遍认为脆弱的纸张来制作耐用的边椅、边桌等家具，结果确实让人惊喜。瓦楞纸被特殊的技术利用热力拉成 S 形边椅，既耐用又美观。

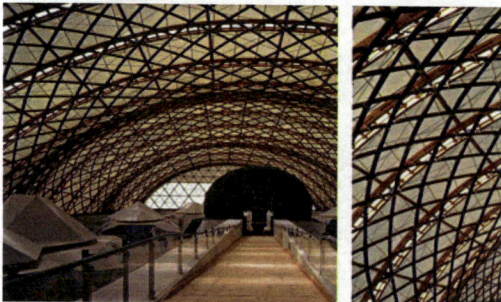

图 7-66　"超级纸屋"——日本馆

日本著名设计师坂茂为 2000 年德国汉诺威世博会建造的日本馆，是建筑史上规模最大、重量最轻的纸造建筑，被称为"超级纸屋"。它是环保主义的完美体现，原材料全部来源于再生纸，拱形主厅由 440 根直径 12.5cm 的纸筒呈网状交织而成，覆盖墙面和屋顶的是一层半透明的再生纸膜，因此，不必人工照明。在半年时间里经历各种天气情况，盛夏隔热，雨天不漏雨，世博会结束后，建筑材料又运回日本，做成小学生的练习本，此建筑生动地体现了坂茂"零废料"的生态设计理念。

图 7-67　"纸教堂"新西兰基督城
天主教堂图外观

图 7-68　"纸教堂"新西兰基督城
天主教堂内部

图 7-69　纸质灯具

（四）绿色设计的发展趋势

产品的组合设计、循环设计以及产品与服务的非物质化设计已成为"绿色设计"的一种趋势。同时，绿色设计除了关注材料的可能性，必须同时关注更细节更广泛的生态概念，比如生产过程中的能源消耗与排放，甚至包括工厂工人的工作环境。绿色设计的主题和发展趋势大致体现在以下五个方面：

1.使用天然的材料

随着绿色设计的发展，"未经加工"形式在家具产品、建筑材料和织物中得到运用。直接使用天然材料在产品中的设计不但节省了能源，而且缩短了生产环节，提高了生产效率。如图 7-70 和图 7-71。

图 7-70　使用天然材料的设计

图 7-71　哈萨克斯坦设计公司 GOOD 设计的
"自然的禅"系列香水包装

ERGONOMICS AND PRODUCT DESIGN

图 7-72 Industrial Facility 设计的 Branca（树枝）椅

模仿树枝自然的生长形态，非常轻巧。而且，只要看一眼这张椅子就能立刻体会到其对木材的节约：没有了传统椅子的靠背，仅仅靠椅子的线条设计来维持稳定感和舒适感。

图 7-73 瓦西里椅

大师马歇·布劳耶（Marcel Breuer）1925 年设计了世界上第一把钢管椅子——瓦西里椅子（Wassily chair）。

图 7-74 莫比乌斯衣架——Mobe

莫比乌斯带是一种拓扑学结构，它只有一个面和一个边界，为建筑学家、艺术家们提供了很多灵感。英国设计师 Dan Hoolahan 根据莫比乌斯带设计了一款莫比乌斯衣架——Mobe，材料为弯曲的 1.5mm 胶合板木条，除了可以悬挂衣服之外，还可以挂围脖，毛巾等小物件。

2. 强调使用材料的经济性

摒弃无用功能和纯装饰的样式，创造形象生动的造型、回归经典的简洁。在这方面，夺得 2011 年伦敦设计博物馆设计大奖的一张树枝椅算得上是个中楷模，如图 7-72。

同时，在简洁中精心融入"高科技"、"高情感"的因素，在使用产品时使人感受到时尚、亲近和温暖。在此，我们可以再重温一下 20 世纪初"功能主义"设计，再次探析路易斯·沙利文（Louis H Sullivan）提出的"形式追随功能"理论。如图 7-73 瓦西里椅。

3. 多种用途的产品设计

可以使用增加乐趣的设计方法，避免因厌烦而替换的需求。这种产品还能够升级更新，通过尽可能少地使用其他材料来更新换代，以便达到实用且节能的目的，如图 7-74。

4. 利用回收材料的产品设计

我们不可以简单地认为采用可回收材料的产品就一定是绿色产品，因为产品可回收性有可能加快产品的废弃速度；人们对可回收材料的外观认可程度也可能会对产品的销售产生影响。如图 7-75~ 图 7-78。

图 7-75　浴缸做成的沙发
这"浴缸沙发"是由回收的旧浴缸制作而成。

图 7-76　英国 Phil Bridge 设计的
一款可循环纸板自行车

图 7-77　葡萄酒软木塞制作的椅子

图 7-78　网球长椅
网球长椅（TENNIS BALL BENCHES）是来自荷兰设计师 Tejo Remy 及
René VeenHuizen 的设计。Tejo Remy 发现，用于制造网球的这种亮黄色的、
富有弹性的、毡制品与橡胶混合的质地，很适用于制造舒适的、坚固的、引人注
目的家具。

二、案例分析

案例：城市绿色互动能源站设计

1. 设计说明

随着全球经济的高速发展，人类在消耗自然资源、生产制造大量产品的同时，能源不
断减少，生态环境也在不断恶化。城市绿色互动能源站的设计从环保、节能两大主题出发，
通过搜集太阳能、风能等清洁能源为城市的电动自行车、电动汽车进行充电，来缓解能源
和城市环境的压力。同时能源站还增添了互动性的设计，通过运动来为能源站进行蓄电，
得到锻炼的同时，也让更多人参与到节能环保当中来，传播绿色的理念，构建科技、智慧
的城市。

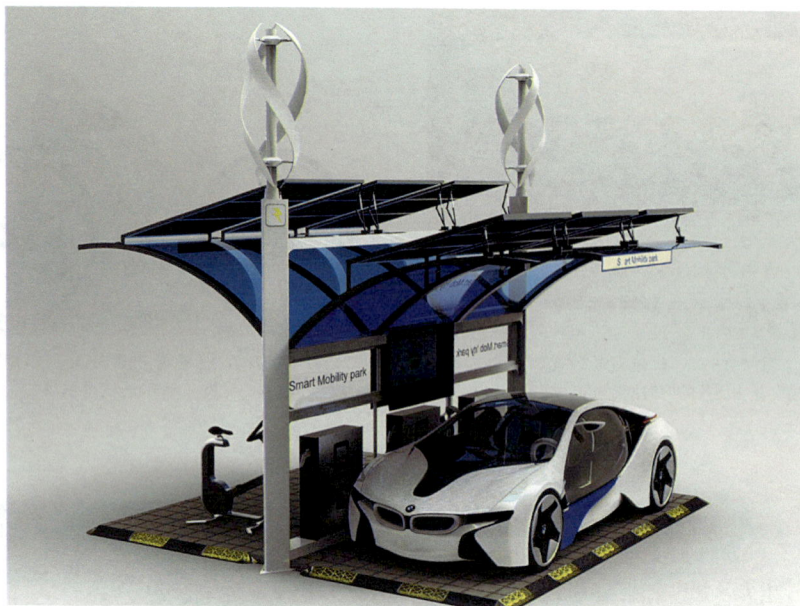

图 7-79　陶然作品——绿色互动能源站设计

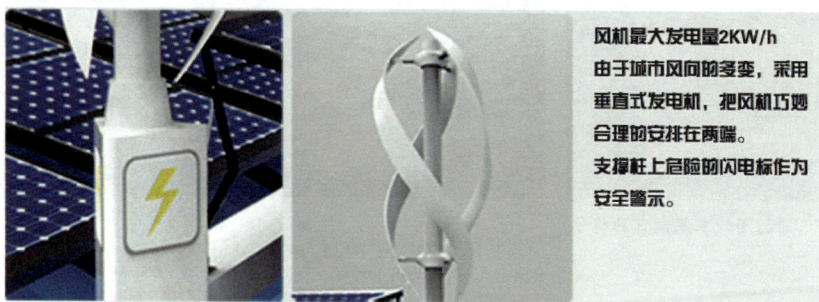

风机最大发电量2KW/h
由于城市风向的多变，采用
垂直式发电机，把风机巧妙
合理的安排在两端。
支撑柱上危险的闪电标作为
安全警示。

图 7-80　风能发电设施设计

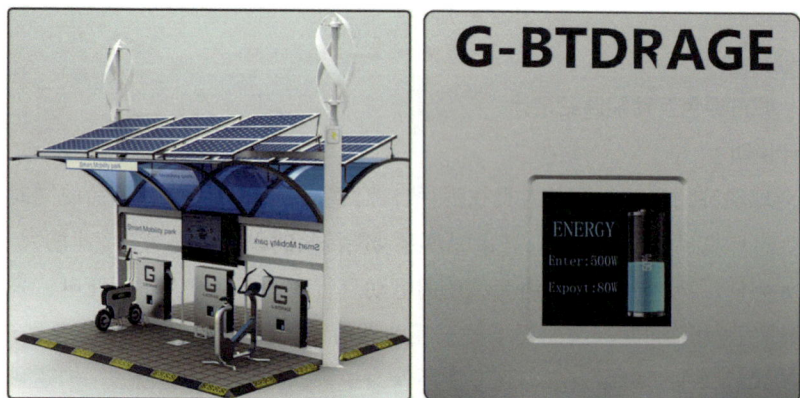

图 7-81　运动式充电设施设计

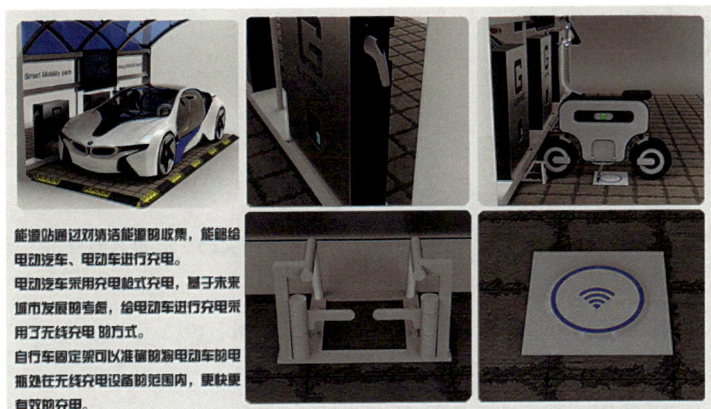

图 7-82　绿色互动能源站的宜人化设计

2.作品评价

利用风能、太阳能贮存能量，利用运动式互动贮存能量，作品很好地诠释了绿色设计的内涵。为传播绿色生活理念、构建绿色城市方面开辟新路径，并带有人文主义的关怀。设计合理，有明显的技术经济优势。

三、任务实施

（一）讨论（分组进行）

1.基于人体工程学的绿色设计案例分析。

2.绿色设计的特征。

（二）课题

课题：基于人体工程学的绿色设计（生活用品设计）

1）组织学生进行调研；要求学生收集相关资料。

2）组织学生进行优秀案例欣赏。

3）分组讨论、进行国内外同类产品比较分析。

4）组织学生进行相关的测量，制定符合人体工程学的基本数据参数及主要技术性能指标（例如，刀具设计，就要进行人手的相关数据测量；工作姿势所引起的疲劳程度测定；还要进行各种刀具的结构尺寸测量等）。

5）要求学生绘制生活用品设计的总体尺寸图和效果图。

四、任务小结

本节主要讲述了绿色设计的概念、起源、特征和绿色设计的发展趋势。通过具体的任务实施来激发学生学习的兴趣，通过具体绿色设计的实例来开阔学生眼界，在具体的任务实施中把理论知识融会贯通，使学生能够进行深度的思考，加强学生的调查研究能力，并锻炼学生的动手实践能力。

参考文献

[1]   刘峰，朱宁嘉.人体工程学 [M].沈阳：北方联合出版传媒（集团）股份有限公司，辽宁美术出版社，2013.

[2]   刘盛璜.人体工程学与室内设计 [M].北京：中国建筑工业出版社，1997.

[3]   柴春雷等.人体工程学 [M].北京：中国建筑工业出版社，2007.

[4]   田树涛.人体工程学 [M].北京：北京大学出版社，2012.

[5]   《中华人民共和国标准》工 GB10000-83.GB5703-85.GB/T14779-93.GB/T.16251-1996

[6]   宋贤敦.自行车设计 [J].中国自行车，1989（4）：42-44.

[7]   Minicute Ezmouse 2 光电版垂直鼠标：http://www.minicute.cn/product/620.htm.

[8]   "nestrest" 室外吊舱休闲椅：http://www.niushe.com/news/show-5753.html.

[9]   Aeron 椅：http://www.hermanmiller.cn/products/seating/performance-work-chairs-aeron-chairs.html.

[10]   SAYL 椅：http://www.zhoushi.com.cn/Product-445.html.

[11]   （美）诺曼.情感化设计 [M].付秋芳，程进三译.北京：电子工业出版社，2005.

[12]   磁吸托盘：http://blog.sina.com.cn/s/blog_89597ce801017x4j.html.

[13]   （美）伍德.产品设计 [M].齐春萍等译.北京：电子工业出版社，2011.